NOUVELLE ENCYCLOPÉDIE PRATIQUE DU BATIMENT ET DE L'HABITATION

RÉDIGÉE PAR

René CHAMPLY, Ingénieur

avec le concours d'Architectes et d'Ingénieurs spécialistes

QUATORZIÈME VOLUME

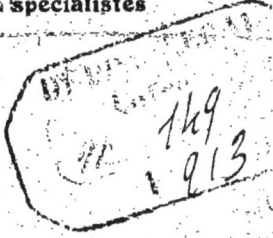

ÉCHELLES, ESCALIERS

ASCENSEURS

MONTE - CHARGES

AVEC 206 FIGURES DANS LE TEXTE

PARIS

LIBRAIRIE GÉNÉRALE SCIENTIFIQUE ET INDUSTRIELLE

H. DESFORGES

29, QUAI DES GRANDS AUGUSTINS, 29

Echelles, Escaliers

Ascenseurs, Monte-charges

NOUVELLE ENCYCLOPÉDIE PRATIQUE
DU BÂTIMENT ET DE L'HABITATION

RÉDIGÉE PAR

René CHAMPLY, Ingénieur

avec le concours d'Architectes et d'Ingénieurs spécialistes

QUATORZIEME VOLUME

ÉCHELLES, ESCALIERS
ASCENSEURS
MONTE - CHARGES

AVEC 206 FIGURES DANS LE TEXTE

PARIS

LIBRAIRIE GÉNÉRALE SCIENTIFIQUE ET INDUSTRIELLE

H. DESFORGES

29, QUAI DES GRANDS-AUGUSTINS, 29

CHAPITRE PREMIER

ECHELLES

Les *échelles* sont composées de deux *montants* en *bois de fil* ou *bois de brin* réunis par des *barreaux* ou *échelons* en *bois de brin*, de chêne, de cornouillier, d'acacia ou autre bois fibreux et dur.

La distance entre les échelons est généralement *d'un pied*, 0 m. 33, il y a donc trois échelons au mètre courant. Les échelons sont assemblés avec les montants dans des trous ou mortaises où ils sont arrêtés par des petites pointes en fer.

Généralement, les échelons vont en diminuant du bas au sommet, de sorte que les montants ne sont pas parallèles ; l'échelle est ainsi plus large à la base, ce qui lui donne de la stabilité.

On donne aux échelles une inclinaison de 1/4 à 1/5 de leur longueur ; quand elles sont très longues, elles fléchissent sous la charge et on les étançonne avec deux *écoperches* formant arc-boutants sous le milieu de l'échelle.

Dans les échelles de grande longueur on maintient l'écartement des montants au moyen de boulons en fer dits *boulons d'écartement*.

Echelles de maçon. — Les montants se font en perches de sapin rondes ou demi-rondes ; les échelons en cornouillier brut ; longueurs de 3 à 10 mètres, prix environ 3 francs le mètre courant. Ces échelles sont munies de boulons d'écartement, coûtant 1 franc pièce.

Echelles à montants ronds, tournés. — Les montants sont en aulne ou en frêne, les échelons en cornouillier, tournés. Les échelles *simples* (fig. 1) se font de 2 à 8 mètres de longueur, et coûtent de 2 à 3 francs le mètre courant ; les *échelles de nettoyeur* (fig. 2) se font de 2 à 7 mètres de long et coûtent de 2 fr. 50 à 3 fr. 50 le mètre.

Ces échelles se munissent quelquefois de crochets en fer (fig. 3), ou de pointes (fig. 4), pour les maintenir au sommet le long d'un mur, d'un arbre de transmission.

Echelles menuiserie (fig. 5). — Les montants sont en planches de sapin, les marches en sapin ou en chêne.

Echelles façon bambou (fig. 6). — Les montants et les barreaux sont en frêne tourné, poli et verni.

Echelles doubles. — On constitue l'échelle double en réunissant deux échelles simples avec une *broche*, comme le montre la figure 7 ou au moyen de ferrures spéciales ainsi qu'on le voit sur les figures 8 et 9. Afin d'avoir une stabilité suffisante, l'échelle double est toujours très large à la base : on maintient l'écartement des deux échelles avec une corde ou avec des crochets *cc* (fig. 9).

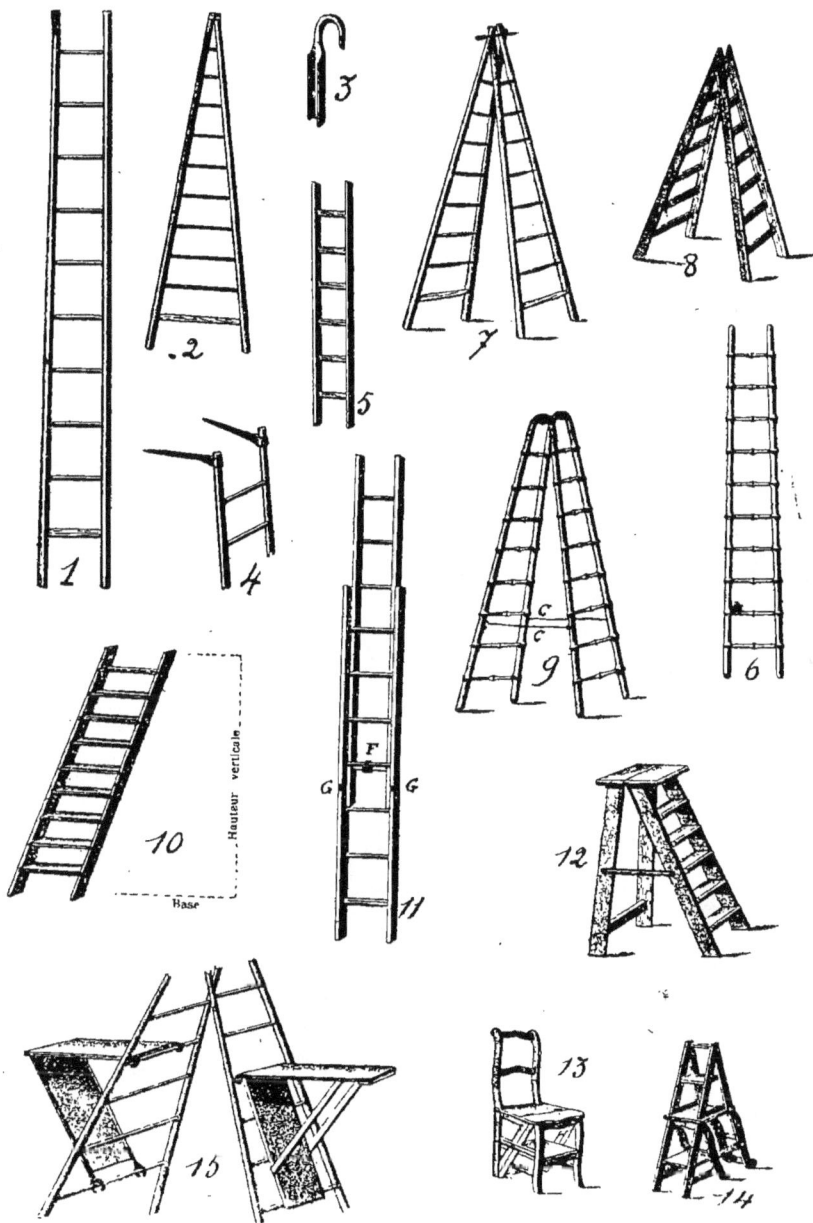

Fig. 1 à 15.

Echelles de meunier. — Les montants se font en sapin ou en chêne ainsi que les marches que l'on fait
aussi en frêne. La figure 10 montre l'échelle de meunier

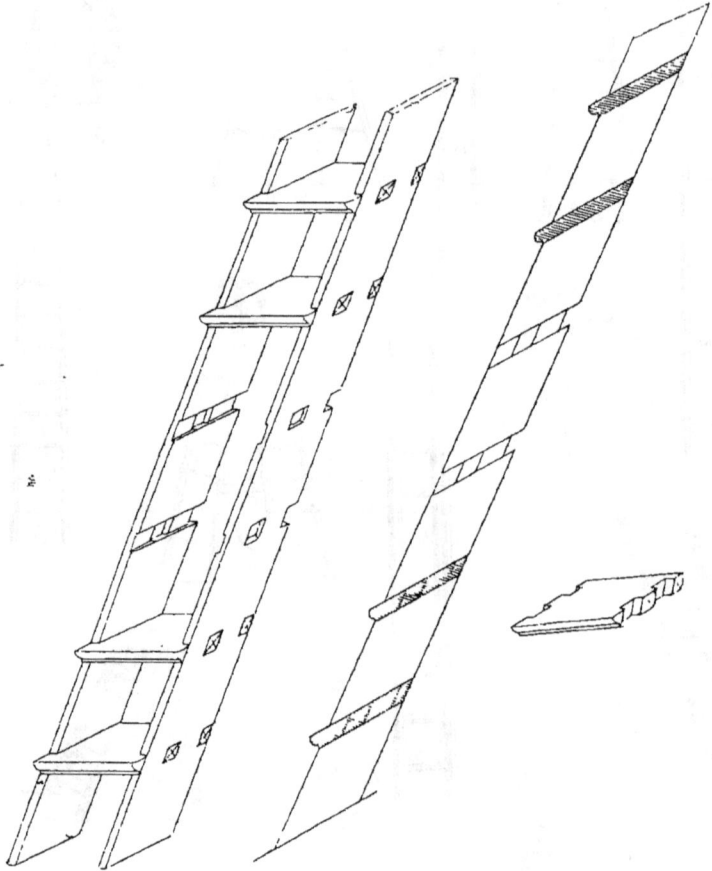

Fig. 10 *bis.*

qui doit être construite spécialement, selon la hauteur verticale et la base d'écartement, de façon que les
marchès soient horizontales. On met 0 m. 20 entre
chaque marche : ces échelles coûtent de 6 à 10 francs
le mètre courant. selon l'essence des bois avec lesquels
on les construit.

Les échelles de meunier s'emploient pour l'accès aux caves, combles, grenier, soupentes, fenils, etc..

La figure 10 *bis* montre deux modes d'assemblages pour la construction des échelles de meunier.

Escabeaux ou *marchepieds*. — La figure 12 montre

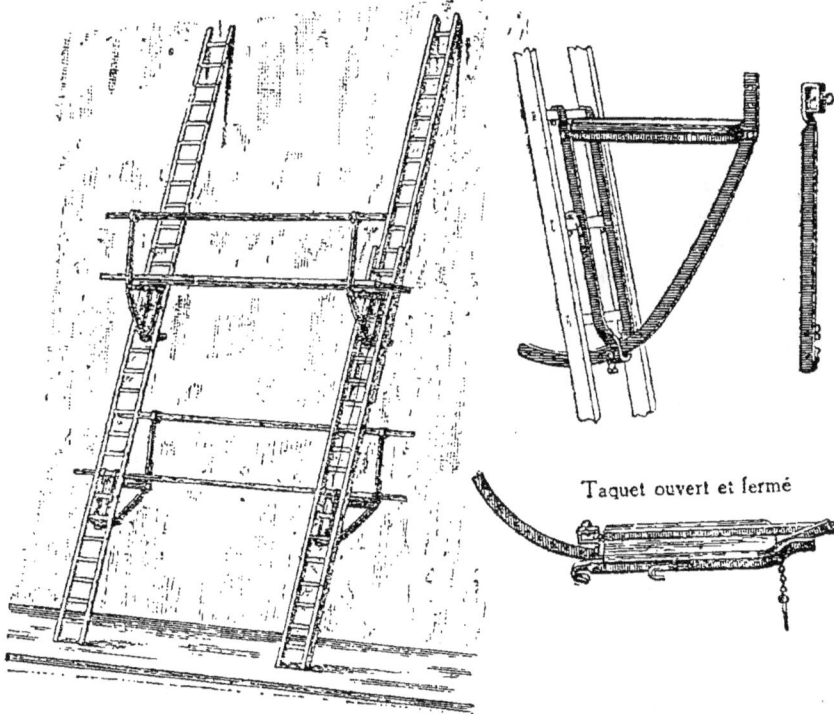

Taquet ouvert et fermé

Fig. 15 *bis*.

un marchepied d'appartement et la figure 13 une *chaise-marchepied* qui, dépliée, prend la forme de la figure 14, elle coûte 13 francs ; les marchepieds coûtent de 7 à 8 francs le mètre de hauteur, on les fait jusqu'à 3 mètres en bois de hêtre.

Taquets. — Ce sont des sortes de plateformes que l'on accroche sur les échelles pour s'asseoir, dans les travaux de peinture (fig. 15), prix 4 francs la pièce. M. Lotte construit, pour remplacer les échafaudages, des taquets à inclinaison variable s'adaptant indistinctement devant ou derrière les échelles, suivant le travail à exécuter.

Ils se replient entièrement et sont munis de porte-rampe démontables avec butée, se fixant rapidement au moyen de deux écrous à oreilles.

La figure 15 *bis* montre les dispositifs de ces nouveaux appareils dont voici les prix :

Avec les porte-rampe......	la paire	28	»
Sans les porte-rampe.......	—	25	»
Rampe sapin..............	le mètre	0 75	
Planche sapin 20 c/m largeur.	—	1 50	
Poids de la paire		18 kil.	

Echelles à coulisse. — Ces échelles consistent en deux échelles à montants plats dont l'une, plus étroite, glisse dans l'intérieur de l'autre, plus large, comme le montre la figure 11 ; les deux échelles sont maintenues en contact par des ferrures en forme de griffes GG et l'échelle est arrêtée par une autre ferrure F qui accroche ensemble deux échelons.

Quand l'échelle a une certaine dimension, la manœuvre ne peut plus se faire à la main ; on dresse alors l'échelle repliée et on la déplie au moyen d'un cordage, comme le montre la figure 16 ; ces grandes échelles à coulisse sont pourvues d'un *mécanisme automatique d'arrêt*, dont il existe de nombreux modèles variables selon les constructeurs.

Les échelles à coulisse se font à deux, trois et quatre *plans* coulissant les uns dans les autres et pouvant atteindre jusqu'à 22 mètres de longueur développée.

Pour faciliter la manœuvre de ces grandes échelles, on munit la tête de galets (fig. 17), qui roulent contre le mur, et le pied de pointes (fig. 18) qui empêchent le glissement de l'échelle sur le sol. Les échelles à coulisse coûtent environ 8 francs le mètre de longueur déployée.

M. Lotte, à Paris, auquel nous empruntons les gra-

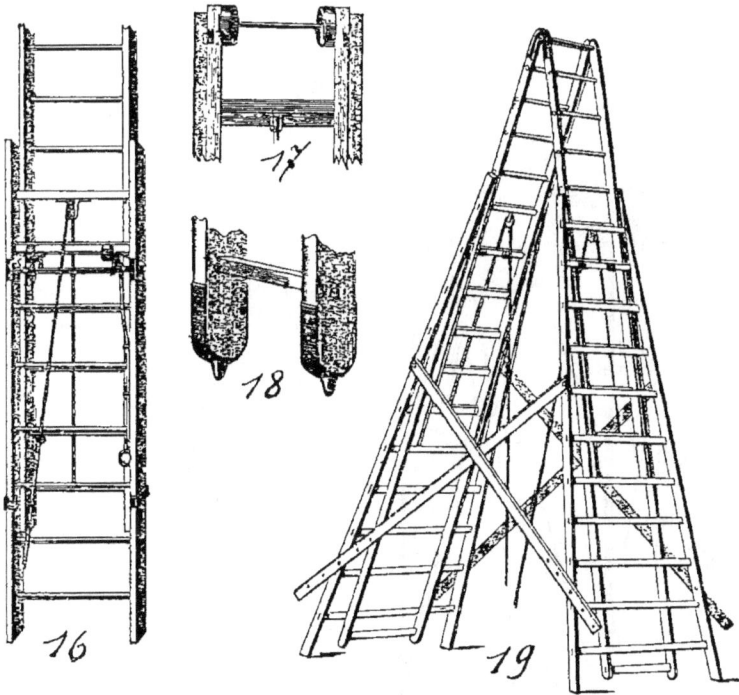

Fig. 16 à 19.

vures ci-jointes, construit des échelles doubles à coulisse (fig. 19) munies de *croisillons d'écartement*, permettant de varier à volonté l'écartement des pieds.

Le même constructeur fait des échelles pour pompiers ou travaux aériens (fig. 21) qui se replient entièrement sur un petit chariot à deux roues. Les pompiers de Paris ont des échelles du même genre, mais beaucoup plus importantes, montées sur chariots à 4 roues, traînés par des chevaux ou automobiles.

Echafaudages roulants. — La figure 20 représente un *échafaudage roulant de la Maison Lotte.* — Cet écha-faudage dont toutes les pièces sont repérées avec soin est entièrement démontable.

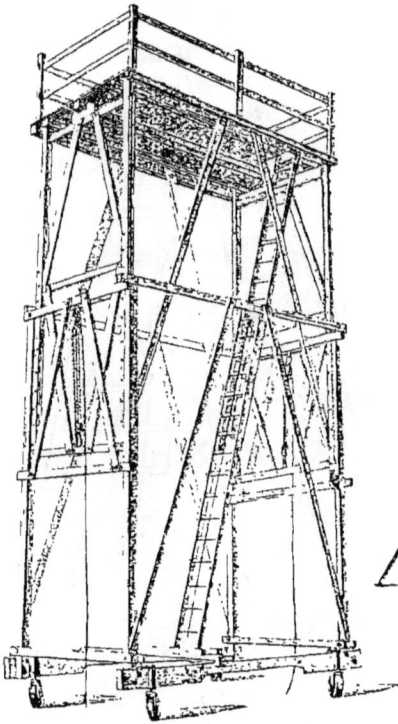
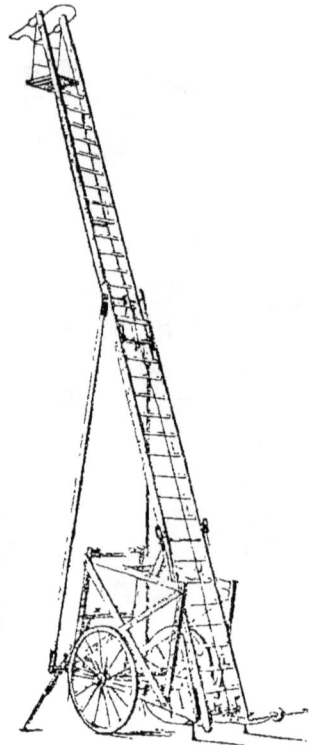

Fig. 20.   Fig. 21.

La plateforme, de 2 mètres de largeur sur 4 mètres de longueur, est à garde-corps et trappe à charnières, pour le passage de l'échelle. Elle se monte sur 4 cou-lisses, comme on le voit sur notre gravure.

Monté sur galets à pivot, roulant en tous sens, il se

déplace très facilement sans abîmer les parquets. Il se déploie au moyen de moufles à 3 poulies. Sa solidité permet à 8 hommes d'y travailler à l'aise.

Raidisseurs. — Quand les échelles à coulisse ont une grande longueur, on renforce les montants par des ferrures légères en acier appelées *raidisseurs*, ayant pour but d'augmenter la résistance du bois du côté où ses fibres travaillent à la traction, c'est-à-dire en-dessous des montants.

Echelles métalliques. — Pour l'extérieur, les toitures, les égouts et caves, on construit des échelles en fer ; les montants sont en fers plats et les barreaux en fers ronds rivés sur les montants.

CHAPITRE II

GÉNÉRALITÉS SUR LES ESCALIERS

Les différentes parties d'un escalier sont : la *cage* formée par les murs qui entourent et soutiennent par une de leurs extrémités les marches de l'escalier ; le *limon* ou rampant qui soutient l'*about* des marches du côté opposé au mur. Le limon se fait en pierre, bois, fonte, tôle d'acier ou ciment armé ; les *marches* et *contre-marches* s'y reposent dans un encastrement où elles sont maintenues par des vis ou tout autre moyen.

Quelquefois, les marches ne sont pas encastrées dans le mur ; on les soutient par un *faux-limon* placé contre le mur et arrêté par des *corbeaux* ou ferrures scellées dans le mur.

L'écartement entre le mur ou le faux-limon est maintenu, avec le limon, par des *boulons d'écartement*, dont une extrémité est scellée dans le mur et dont l'autre bout est serré sur le limon.

D'autres fois, les marches portent elles-mêmes une partie du limon ; toutes ces parties se raccordent ensemble pour former le limon. Ce mode de construction est coûteux, car il cause une grande perte de ma-

tière. Dans l'escalier à la *française* le limon a ses deux
bords parallèles (fig. 60).

Dans l'escalier à *l'anglaise* ou *demi-anglais*, le

Fig. 22.

li mon a la forme d'une *crémaillère* (fig. 22) : la marche
r epose sur la crémaillère où elle est vissée ; la contre-
marche est assemblée à *onglet* sur la partie verticale
du limon.

Dans les escaliers à *limon continu* (fig. 22), le limon
est en plusieurs morceaux assemblés à tenons et
mortaises ou à *crossettes* et réunis par des plates-bandes en fer noyées dans le bois et vissées solidement.

Le *giron* ou *ligne de foulée* est la ligne que l'on suit
en montant l'escalier ; c'est la ligne MN sur la figure 23.

Le *giron droit* a la même largeur sur toute la longueur de la marche ; le *giron triangulaire* s'élargit à

partir du *collet* de la marche jusqu'au mur ; c'est le cas dans les parties tournantes de l'escalier. Sur la *ligne de foulée* ou *giron*, toutes les marches ont la même largeur.

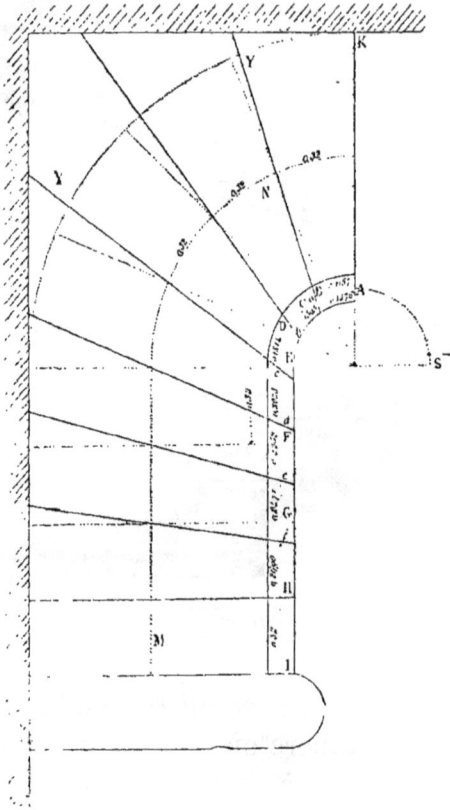

Fig. 23.

Dans les *quartiers tournants* des escaliers, la ligne de foulée doit être à 0 m. 50 de la rampe afin que l'on puisse s'appuyer à la rampe.

On nomme *rampe d'escalier* ou *volée d'escalier* une suite ininterrompue de marches.

Le *palier* ou *repos* est un giron étendu, sur lequel on doit pouvoir faire au moins un pas et dont le but est de reposer pendant l'ascension. Le palier est, plus spécialement, le giron où l'on stationne avant d'entrer dans les appartements.

Les rampes ou volées sont généralement composées d'un nombre impair de marches, 13, 15, 19 au maximum.

La première marche du rez-de-chaussée est posée sur le sol et sert de base au limon ; on la termine du côté du limon par une volute. Elle est en bois si le rez-de-chaussée est planchéié ; s'il est dallé ou carrelé, elle est en pierre.

Le mur d'*échiffre* est le mur rampant sur lequel porte le limon.

Le *quartier tournant* ou volée courbe reçoit aussi le nom d'*échiffre*.

Les escaliers dont le limon est dégagé se nomment *escaliers suspendus* (fig. 22) ; les escaliers à *rampes droites à jour*, sont formés d'une suite de rampes séparées par des paliers laissant un vide ou *puits* entre les rampes (fig. 42 et 44). Ce vide sert à loger la cage d'ascenseur.

Les escaliers à *vis* ou en *escargot* peuvent être contenus dans une cage circulaire ou dans une tour ou puits ; les marches ont toutes une forme triangulaire identique, on les nomme aussi *escaliers tournants*.

L'*escalier en fer à cheval* est celui dont le limon se projette horizontalement suivant une forme circulaire incomplète ; les deux rampes sont appuyées au même palier.

L'*escalier à limons superposés* n'a pas de vide ou jour ; tous les limons et les rampes sont dans un même plan vertical et assemblés à chacune de leurs extrémités sur deux poteaux montant du bas en haut de la cage d'escalier ; ils ont l'avantage de tenir peu de place tout en étant commodes (fig. 68).

2

Paliers. — Les *paliers principaux* donnent accès aux appartements ; les *paliers de repos* sont intermédiaires entre deux volées sur un seul étage. On en voit un exemple figure 60. Le palier doit avoir au moins 0 m. 80 de long, il en faut un au moins toutes les vingt marches.

On établit parfois un palier à mi-hauteur, dans les escaliers semi-circulaires, mais c'est une disposition qu'il faut éviter ; elle est d'un mauvais effet et diminue considérablement la résistance du limon.

L'escalier *rompu en paliers* se fait avec un montant d'angle servant de départ et d'arrivée à la main courante (fig. 60) ; on le fait aussi avec un *quartier tournant* aux angles.

Les escaliers *en biais* n'ont pas de vide ou puits ; leurs rampes, balustrades, l'élévation progressive et les contours se projettent sur les mêmes plans.

Les escaliers *ronds* ou *elliptiques en colimaçon*, sont ceux qui prennent le moins de place ; leurs marches sont encastrées d'un côté dans le mur de la *cage* et reposent de l'autre bout sur le *noyau* formant le centre de l'escalier (fig. 45 et 46).

Les escaliers se font à une, deux, trois ou quatre *volées* par étage.

Les escaliers *mixtes* sont constitués par des parties droites où les marches sont rectangulaires et des parties balancées où les marches ont la forme de trapèzes (fig. 23). Ces escaliers, qui exigent peu d'emplacement, sont les plus usités. On peut arriver à loger un escalier mixte dans un espace de 3 m. 30 sur 2 m. 30, dans lequel, la hauteur à monter étant de 2 m. 90, on a des marches de 0 m. 17 de hauteur et 0 m. 23 de giron. Avec des marches d'une longueur de un mètre, en déduisant les saillies des marches sur le limon (qui peuvent n'avoir que 3 centimètres), il reste 0 m. 24 entre

les marches. On peut utiliser les angles de la cage
pour y placer des tuyaux de descente ou en élargissant
le passage.

Marches d'escaliers. — Dans la *marche* on distingue
le *giron* ou largeur comptée généralement au milieu
(non compris la moulure qui termine la marche et fait
saillie) ;

L'*emmarchement*, ou longueur totale de la marche,

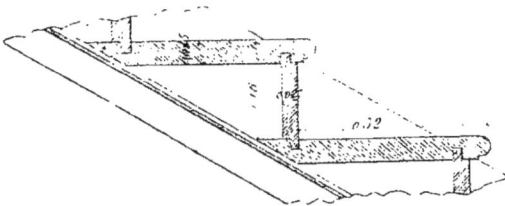

Fig. 24.

c'est-à-dire la largeur de l'escalier. Cette largeur réduite à 0 m. 45 dans les escaliers en hélices n'est généralement pas moindre de 0 m. 65 et peut être de un
mètre et plus dans les escaliers luxueux.

La figure 24 montre une marche en bois terminée
en avant par une moulure ou *astragale* ; la *marche
horizontale* porte en-dessous, près de l'astragale, une
rainure où s'engage la *languette* de la *contremarche*
verticale. Cette contre-marche est assemblée à embrè-
vement ou à onglet sur le limon.

Les *marches droites* ont la même largeur dans toute
leur longueur ; les *marches dansantes* sont celles des
parties courbes ; elles sont triangulaires et leur about
vers la *rampe* est circulaire (fig. 23).

Les marches sont pleines ou creuses selon leur ma-
tière et le mode de construction de l'escalier.

Les figures 26 à 38 montrent les formes des marches

pleines ; nous parlerons des marches creuses au sujet des escaliers en bois (fig. 24).

Proportions des marches.
CB = marche, *m*.
CA = contre-marche, *c*.
AB = longueur du limon, *l*.

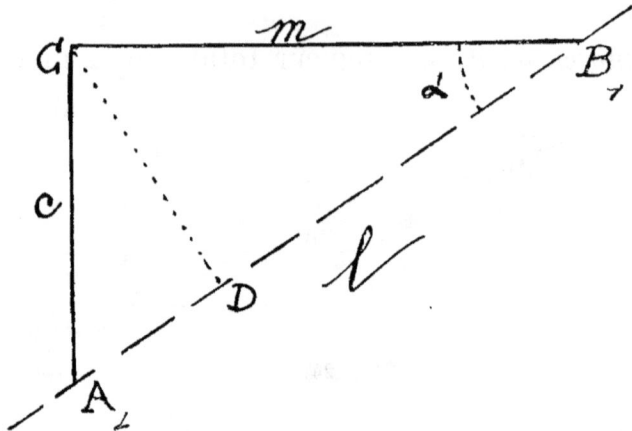

Fig. 25.

On a les relations suivantes :

$$m^2 + c^2 = l^2.$$

et
$$CD = \frac{mc}{l}$$

et encore
$$c = l \sin x$$
$$m = l \cos x$$

x est l'angle de pente de la volée d'escalier.

On donne habituellement aux marches (en centimètres) pour :

	Larg. ou Giron	Hauteur	Long. de la marche
Palais, Châteaux	32 à 47	13 à 15	200 à 300
Bâtiments publics	32 à 40	14 à 15	180 à 250
Maisons particulières	24 à 30	15 à 18	80 à 150
Caves et greniers	20 à 22	20 à 21	50 à 100

FIGURES DE MARCHES

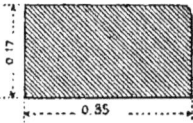

26 - Marche unie   27 · Marche astragalée   28 · Marche chanfreinée

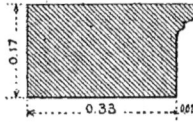

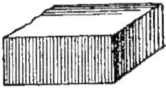

29. Tête carrée unie   30 · Tête ronde unie   31 · Tête carrée astragalée

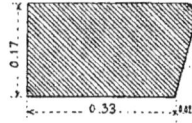

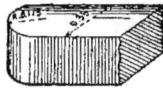

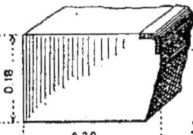

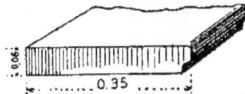

32 - Marche chanfreinée avec fer cornière

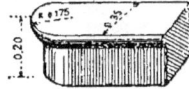

33 · Tête ronde astragalée   34 · Semelle astragalée

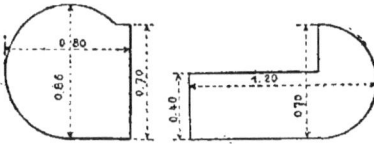

35 - Plan de têtes rondes   36 · Soupirail

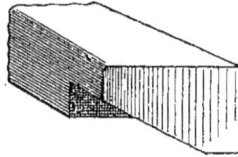

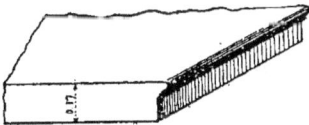

37 · Pierre palière   38 · Pierre de balcon

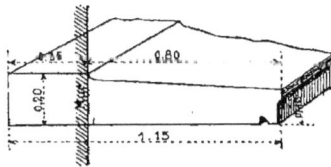

Fig. 26 à 38.

Les marches viennent en *recouvrement* l'une sur l'autre (fig. 24, 27, 28 et 32). Ce recouvrement doit être de 0 m. 03 à 0 m. 04.

Les contre-marches en bois ont 25 millimètres et celles en tôle 3 millimètres d'épaisseur.

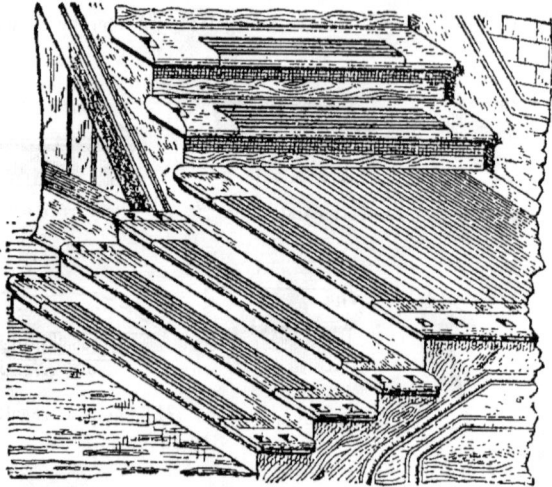

Fig. 38 *bis*.

Les marches en bois (chêne ou bois dur) ont 52 millimètres d'épaisseur, celles en pierre ou marbre 5 à 8 centimètres d'épaisseur, celles en tôle 4 à 7 millimètres.

Couvre-marches. — Pour éviter l'usure des marches à l'endroit de la foulée, on les recouvre de plaques en *linoléum*, ou en *tôle striée* qui peuvent se remplacer facilement lorsqu'elles présentent des traces d'usure et deviennent glissantes.

La figure 38 *bis* représente les couvre-marches système Mason qui sont constitués par des bandes de plomb fixées dans des rainures que présente une sur-

face en acier trempé, laiton ou fer. C'est sur le plomb
que l'on marche, l'acier assurant la solidité du dispositif.

Hauteurs de passage. Echappées. — Quand on doit
réserver un passage sous un escalier, par exemple pour

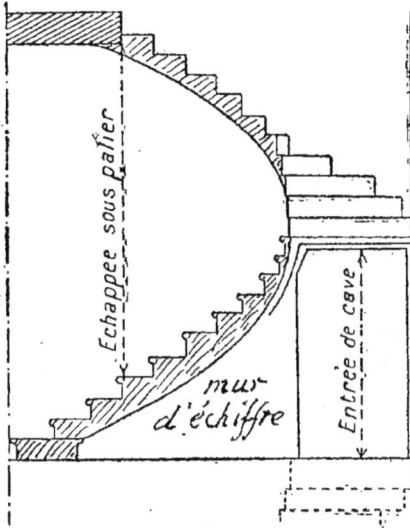

Fig. 39.

les descentes de cave, il faut compter 14 marches pour
avoir 2 mètres de hauteur à la porte sous le limon.
Cette hauteur peut à la rigueur être réduite à 1 m. 70
(fig. 39).

Proportions des cages d'escaliers. — Le rez-de-chaussée est généralement plus élevé que les autres étages,
ce qui conduit à donner aux volées d'escaliers plus
de marches au rez-de-chaussée qu'aux étages supérieurs ; on y arrive en avançant, dans le vestibule, le
départ de l'escalier. D'autre part, on peut augmenter

un peu la hauteur des marches du rez-de-chaussée et des premiers étages. On donnera donc aux marches les hauteurs suivantes :

Du rez-de-chaussée au 1er .... 0 m. 18 ou 0 m. 17
Du 1er étage au 2e.................. 0 m. 165 ou 0 m. 16
Du 2e au 3e........................ 0 m. 16
Du 3e au 4e........................ 0 m. 155
Du 4e au 5e........................ 0 m. 15
Du 5e au 6e........................ 0 m. 145

Les hauteurs d'échappée dans les rampes et paliers doivent être au minimum de 2 m. 20 *ce qui serait très peu*. Les *échappées sous palier* devraient avoir 2 m. 40 au moins pour permettre le passage facile des meubles.

La cage d'escalier est éclairée directement par des fenêtres pour les bâtiments à plusieurs étages, mais pour des constructions à un ou deux étages on peut éclairer les escaliers par une toiture vitrée, au centre du vide de l'escalier.

Pour une maison à loyer, il faut donner *au moins* à la cage 2 m. 30 de largeur et 3 m. 30 de longueur, ce qui permet un giron de 0 m. 23, un emmarchement de 1 m. 02 et un jour d'escalier de 0 m. 24. Les marches, dans le cas de ces dimensions minima, ont 0 m. 17 de hauteur et 0 m. 57 de pas seulement.

Escaliers à pente rapide. — La figure 40 montre un *plan incliné* qui est garni de lattes clouées de 0 m. 40 ou 0 m. 50 d'écartement et permettant de gravir la pente sans glisser. Cet escalier primitif peut être employé pour le passage des animaux.

La figure 41 montre un dispositif employé quand la pente est très rapide et que la longueur de la cage ne permet de faire qu'une seule rampe :

Cet escalier est divisé en deux rampes : les marches ont le double de la hauteur des marches ordinaires, mais elles sont disposées de manière que chaque marche d'une rampe correspond au milieu de la hauteur de chaque marche de l'autre rampe. Son usage est plus pratique que celui de l'échelle de meunier.

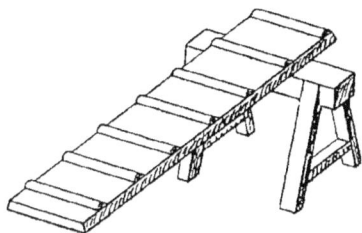 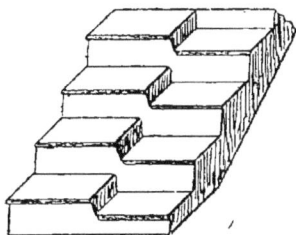

Fig. 40.   Fig. 41.

Dispositions des escaliers. — Pour étudier la disposition à donner à un escalier, il faut tenir compte de la place nécessaire pour les marches dont le nombre varie en raison de la hauteur des étages à monter et dont l'ensemble détermine la grandeur de la cage d'escalier. La forme varie suivant la place dont on dispose, les points à desservir et l'aspect que l'on veut obtenir.

Il doit toujours exister un rapport de proportion entre la hauteur et la largeur des marches appelé *giron* ; une vieille formule dit de donner en largeur l, deux fois la hauteur h et le total doit être 0 m. 65 ou $2h + l = 0$ m. 65, ce qui fait 0 m. 32 à 0 m. 33 de giron pour des marches de 0 m. 16 de hauteur et 0 m. 31 pour des marches de 0 m. 17 de hauteur ; il faut bien reconnaître que, dans la pratique, on s'en tient pour la largeur à quelques centimètres au-dessous de celle donnée par cette formule, mais il ne faut pas beaucoup s'en éloigner ; de même il est bon de ne pas dépasser 0 m. 18 pour la hauteur, car malgré la proportion ci-dessus, les escaliers sont *durs* à monter au-dessus de cette hauteur de marche et dès qu'il y a 20 marches par palier.

CHAPITRE III

ÉPURE ET TRACÉ DES ESCALIERS

L'escalier le plus simple est celui composé de *volées droites* réunies à angle droit aux paliers, comme celui que montrent la figure 60 et le plan figure 42.

Ayant déterminé, d'après les formules et données que nous avons indiquées au chapitre II, le nombre des marches que doit avoir chaque volée et la longueur des limons, on peut tracer les encastrements des marches simplement avec l'équerre et la fausse-équerre, ou bien en employant le procédé que montre la figure 43 ; on trace autant de demi-circonférences, tangentes les unes aux autres, qu'il y a de marches et du point A on détermine le point C avec une ouverture de compas égale à la hauteur de la marche ; l'angle ACB est un *angle droit*, étant inscrit dans une demi-circonférence.

Quand les volées droites sont réunies aux paliers par un raccordement courbe, les marches d'arrivée et de départ sur les paliers sont arrondies comme on le voit figure 44. Les limons se terminent alors par des *quartiers tournants* découpés dans la masse et se rac-

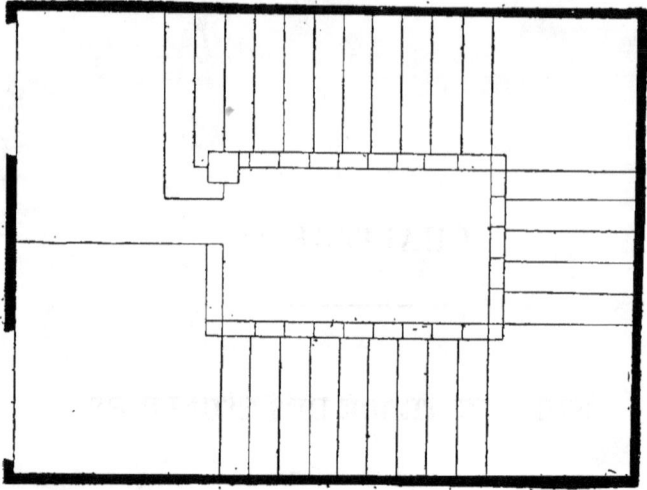

Fig. 42.

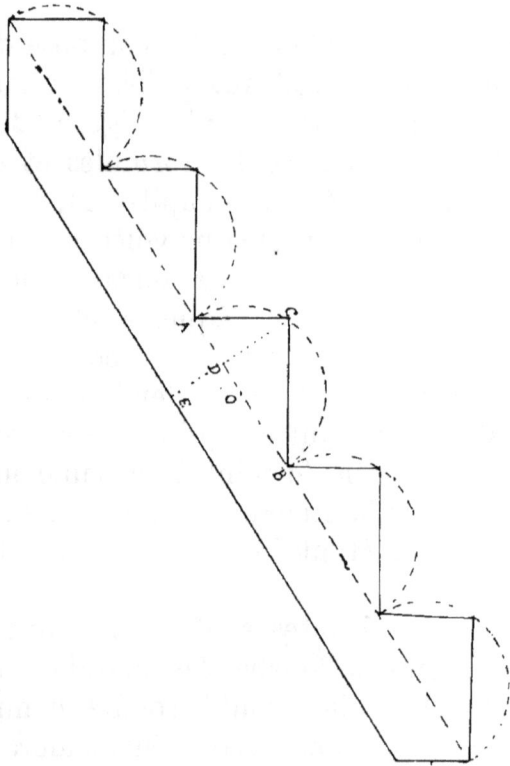

Fig. 43.

cordant aux courbes de la poutre formant le devant
du palier.

Escaliers ronds. — Dans les escaliers dont la cage

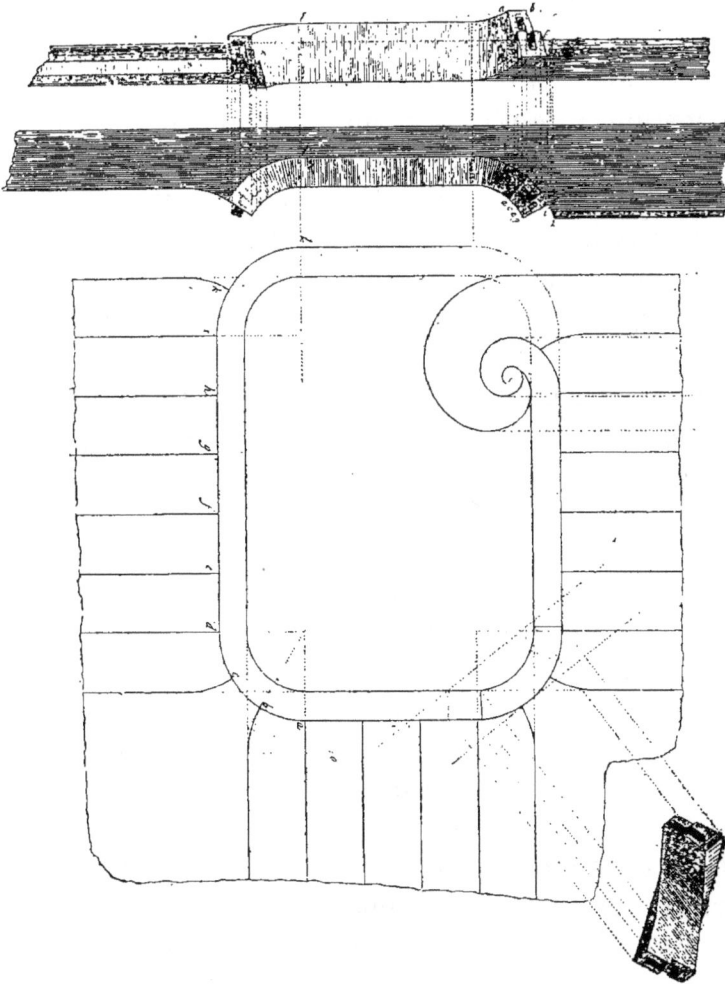

Fig. 44.

est circulaire, qu'ils soient avec ou sans puits, toutes
les marches sont semblables entre elles, ainsi que
toutes les contremarches.

L'épure du plan de l'escalier se fait très simplement

comme le montrent les figures 45 et 46, pour un escalier à jour   noyau et un escalier à jour, en divisant la circonférence en autant de parties qu'il doit y avoir de marches dans un tour complet.

Le limon de l'escalier à jour se découpe dans des blocs de bois au moyen de quatre traits de scie : les deux premiers traits découpent dans le bloc de bois une portion du cylindre formant le jour de l'escalier ; les deux autres traits déterminent l'hélice qui est tracée sur le cylindre suivant la montée des marches. Les limons en pierre se font de la même façon par tailles convenables. Les limons en fer se font d'une manière spéciale que nous décrirons au chapitre *Escaliers en fer*.

Pour les escaliers en limaçon, dit M. Barré, on dispose généralement de peu de place et l'on doit parfois réduire l'emmarchement ou longueur de la marche à 0 m. 45 ; la largeur de la marche au milieu ou giron est alors réduite à 0 m. 15. Pour qu'on puisse se tenir debout dans cet escalier, la hauteur de l'échappée ne doit pas descendre au-dessous de 1 m. 85 ; ce sont même là des limites trop inférieures, puisqu'on ne peut pas augmenter la largeur des marches.

Si l'on voulait avoir 0 m. 25 pour poser solidement le pied, avec un escargot de 0 m. 50 d'emmarchement, on aurait 0 m. 30 de rayon (avec un noyau de 0 m. 10), 1 m. 88 de circonférence au milieu de la marche ; on pourrait compter sur 8 marches ; en leur donnant 0 m. 19 de hauteur, on n'aurait que 1 m. 52 entre la première et la huitième marche, espace complètement insuffisant pour qu'on puisse se tenir debout.

Ces petits escaliers sont donc limités par les dimensions de leurs marches.

Pour tracer le limaçon, les dimensions d'emplacement et de hauteur à monter étant données, on peut diviser la circonférence en 13 parties égales (fig. 47) et la hauteur en degrés de 0 m. 17 au moins. 13 marches en plan donnent 14 hauteurs ; en déduisant celle de la quatorzième, sous laquelle il faut passer, on aura

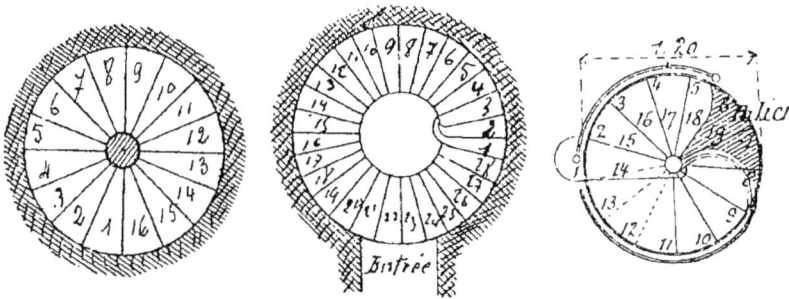

Fig. 45, 46, 47.

un passage libre de 0 m. 17 $\times$ 13 = 2 m. 21 ; si l'on compte l'échappée à l'arrivée, on aura, pour former le palier, deux marches à déduire, ou 2 m. 21 — 0 m. 34 = 1 m. 87.

M. Barberot conseille, pour augmenter le plus possible la hauteur de *l'échappée*, de donner aux paliers la forme courbe indiquée figure 47.

Quartiers tournants. — Quand un escalier présente des rampes droites réunies par des parties courbes, il est dit *mixte*.

L'escalier peut être aussi uniquement formé de parties courbes.

Les tracés des parties courbes ou *quartiers tournants* nécessitent des épures assez compliquées et un travail délicat des matériaux bois ou pierre, les parties tournantes du limon devant être découpées dans la masse comme nous l'avons expliqué plus haut. Quant au dessin des marches *qui diffèrent toutes les unes des autres*, il se trouve sur l'épure en plan de l'escalier comme nous l'expliquons ci-après.

Balancement des marches. — Si nous considérons la figure 23 qui représente un tournant d'escalier, nous voyons qu'à partir du point E les marches triangulaires *tracées normalement à la ligne de foulée MN* et indiquées en pointillé, se rétrécissent brusquement à cause du tournant. Il en résulte une forme disgracieuse et difficile du limon qui prend, à cet endroit, une très forte pente, *un jarret désagréable* ; mais, en outre, ce rétrécissement des marches rend difficile l'appui du pied et l'escalier devient fatiguant.

Pour éviter cet inconvénient, on pratique le *balancement* ou *gironnement* des marches qui consiste à répartir sur un certain nombre de *marches droites* les effets du tournant. On voit sur la figure 23, que trois des marches droites, indiquées en pointillé, sont devenues triangulaires, ce qui a permis d'augmenter considérablement la largeur *au collet* des quatre marches tournantes dont les nouvelles formes sont indiquées en traits pleins.

Il n'y a pas de règles absolues pour le balancement des marches ; les charpentiers tracent les marches sur l'aire d'épure, et apprécient le nombre de marches qu'ils doivent *balancer* pour faire un bon ouvrage.

Ils fixent la dimension *du plus petit collet* et font la division en diminuant l'ouverture du compas, de façon que cette diminution soit constante, la première ouverture de compas étant égale au giron d'une marche droite, et la dernière au plus petit collet.

Nous donnons ci-après trois méthodes :

Arrêter le nombre de marches que l'on veut balancer, 7 par exemple (fig. 48), diviser la distance entre la marche normale A et le point de centre C en sept

parties égales. Ensuite, on subdivise en deux la première division C 1, puis on fait rayonner la marche 1
au point C, la marche 2 au même point C, la marche 3
au point intermédiaire, la marche 4 au point 2,

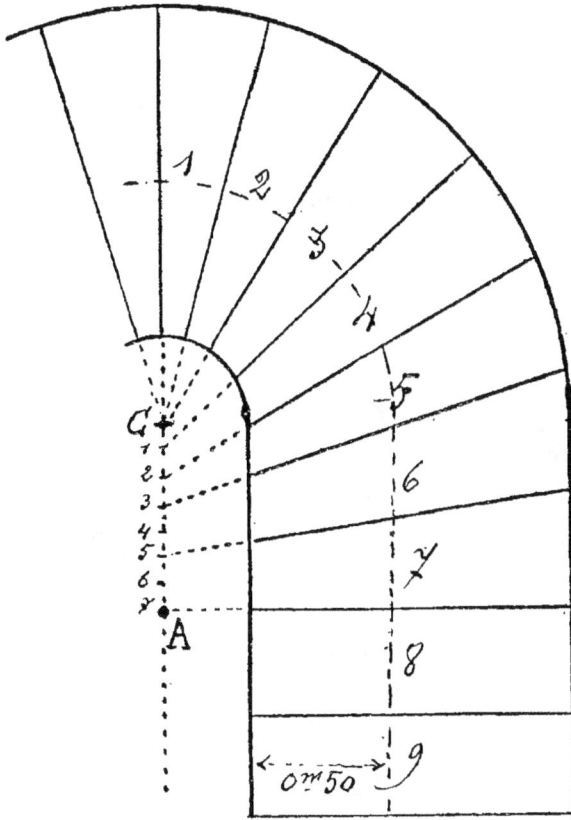

Fig. 48.

la marche 5 au point 3, la marche 6 au point 5, puis
on saute un point et la marche 7 vient au point 7,
enfin la marche 8 est perpendiculaire au limon.

D'après M. Devillez :

Supposons 4 marches à balancer qui auraient normalement la largeur très réduite de 0 m. 1157 au collet, si elles n'étaient pas balancées, tandis que les

marches droites du même escalier ont 0 m. 32. Empruntons par exemple 3 marches droites pour balancer les quatre tournants et supposons que ces 7 marches aient toutes sur le limon, la *largeur des plus étroites*, ce qui ferait

$$7 \times 0,1157 = 0 \text{ m. } 8099.$$

Le développement réel, sur le limon, de ces 7 marches est de

$$(3 \times 0,32) + (4 \times 0,1157) = 1 \text{ m. } 4228.$$

La différence

$$1,4228 - 0,8099 = 0,6129$$

que nous allons partager en un nombre de parties égales tel qu'en ajoutant une de ces parties à la première marche à partir du haut, deux de ces parties à la deuxième marche à partir du haut, trois de ces parties à la troisième marche à partir du haut, etc., la somme des nouvelles largeurs soit égale au développement disponible : 1 m. 4228.

On aura pour ces parties égales :

$$x + 2x + 3x + 4x + 5x + 6x + 7x = 0,6129.$$

d'où

$$x = \frac{0,6129}{28} = 0,0219.$$

La largeur finale des 7 marches sera donc, à partir du haut :

$$a = 0,1157 + 0,0219 = 0,1376.$$
$$b = 0,1376 + 0,0219 = 0,1595.$$
$$c = 0,1595 + 0,0219 = 0,1814.$$
$$d = 0,1814 + 0,0219 = 0,2033.$$
$$e = 0,2033 + 0,0219 = 0,2252.$$
$$f = 0,2252 + 0,0219 = 0,2471.$$
$$g = 0,2471 + 0,0219 = 0,2690.$$
$$\overline{1^{m}4231.}$$

La figure 23 montre l'application de ce procédé de calcul des marches dansantes.

Voici un autre procédé graphique indiqué par M. Barré :

Après avoir tracé la ligne d'emmarchement et l'a-

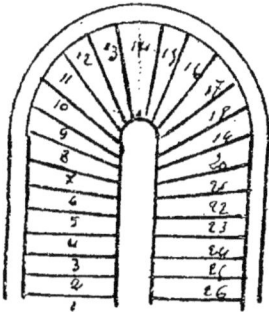

Fig. 49.

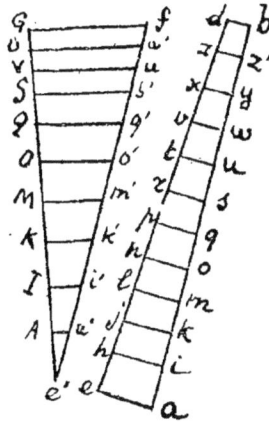

Fig. 51.

voir subdivisée en autant de parties égales qu'il y a de marches dans l'escalier (supposons de 1 à 26) (fig. 49), on fixe le nombre des marches devant rester droites, c'est-à-dire perpendiculaires au limon (supposons 4 marches droites de chaque côté). On prend sur le plan la longueur du *demi-développement du limon* (fig. 50) et on la porte sur une horizontale *mn*. On mène en *n*, la perpendiculaire *nd*, et l'on porte sur elle autant de fois la hauteur des marches qu'il en correspond à la demi-longueur du limon, soit 13 1/2. A partir de *m*, on mesure une longueur (*m4*) égale à la largeur des 4 marches droites et l'on figure ces 4 marches de *m* en *h*. Ce point *h* forme le point de passage des marches droites aux marches gironnées. Pour déterminer la largeur de l'emmarchement des autres

marches, on joint hd, et l'on élève une perpendiculaire
en son milieu. En h, on mène hz perpendiculaire à hm ;
le point de rencontre de ces deux perpendiculaires
est z. Du point z comme centre, avec hz pour rayon, on

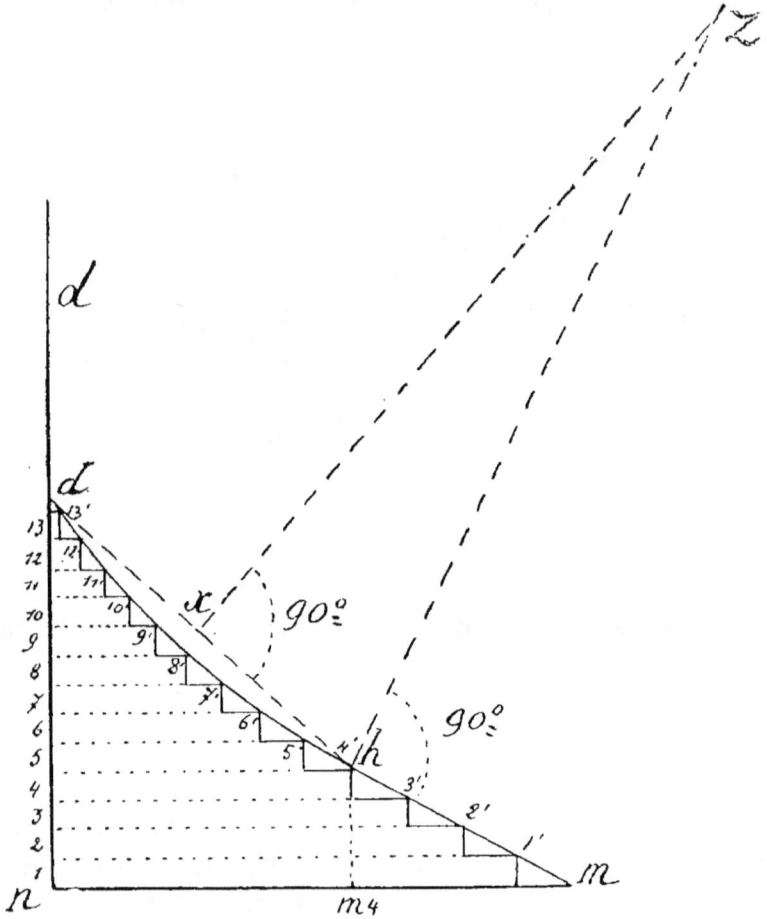

Fig. 50.

décrit l'arc hd ; on raccorde de la sorte les points h et d
par un arc de cercle qui est tangent à hm en h. En
menant les horizontales correspondant aux différentes
marches, on obtient sur cet arc les points 5', 6', 7', etc.
qui, projetés sur l'horizontale, donnent les largeurs de

l'emmarchement sur le limon. La même ligne sert aussi à profiler les bords supérieurs et inférieurs du limon.

Pour *tracer les marches tournantes*, sur une droite arbitraire *ab* (fig. 51), on porte autant de divisions égales qu'il doit y avoir de marches entre la plus étroite et la plus large, *plus une*. On élève les perpendiculaires *ae* et *bd*, auxquelles on donne respectivement la plus grande et la plus petite largeur de marche (déterminée à volonté). On joint *e* et *d* et, de tous les points de division, on élève des perpendiculaires à *a* et *b*. Sur une autre droite *e'*, on reporte à la suite les unes des autres, à partir de *e'*, les longueurs *ea*, *hi*, *jk*, etc., (qui vont toujours en dimiuant) en *e'a'*, *a'i'*, *ik'*,, etc. Du point *e'*, on tire une ligne quelconque *e'G*, à laquelle on donne comme longueur *e'G* l'étendue du limon, y compris le développement de la partie circulaire jusqu'à la marche la plus étroite. On joint *fG* puis l'on mène des parallèles à *fG* par les points *a'*, i', k, etc., précédemment reportés sur la droite *e'f*. Les points A, I, K, etc., déterminés sur la droite *e'G*, seront ceux où les marches dansantes devront aboutir au limon.

Tracé du quartier tournant. — Voici comment Rondelet explique le tracé du quartier tournant (fig. 52) :

« Ainsi, après avoir tiré sur l'élévation faite d'après la projection horizontale H, des parallèles AB, CD, pour indiquer les tranches obliques du cylindre, dans lesquelles doivent être comprises les parties des limons courbes, qui répondent aux parallèles AB, CD, l'on formera les panneaux rallongés d'après la projection II, en élevant de tous les points *k*, *b*, *o*, *s*, *p*, etc., de cette projection, des perpendiculaires jusqu'à la rencontre de la ligne *bm* parallèle à la ligne AB ; on tirera ensuite de ces points de rencontre, d'autres perpendiculaires sur lesquelles on portera les distances ou largeurs correspondantes, prises sur la fig. II, à partir des lignes ou cordes *bm* prolongées, s'il est nécessaire : les pan-

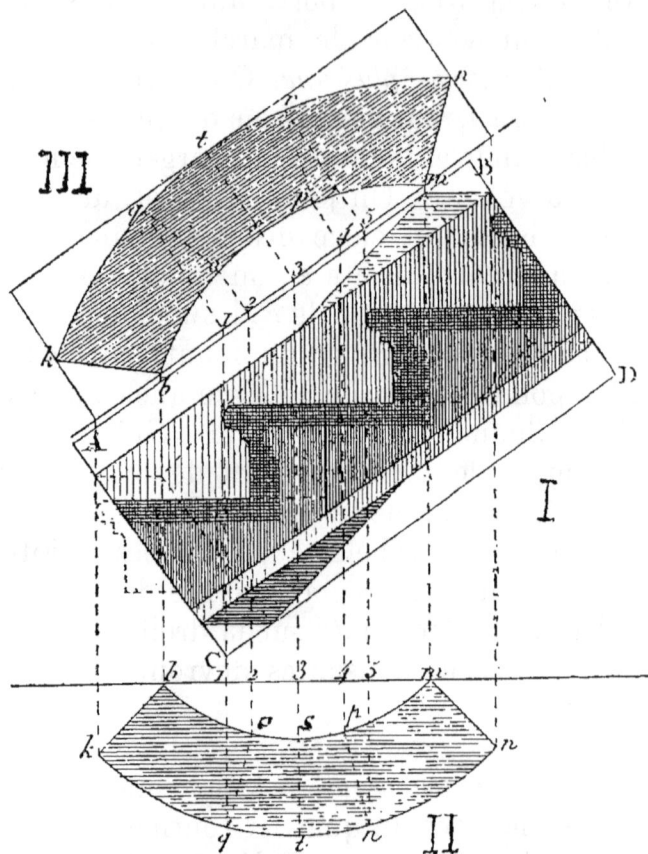

Fig. 52.

neaux étant trouvés, on choisira une pierre ou un bloc de bois qui puisse porter une épaisseur égale à la distance comprise entre les parallèles, et après avoir fait dresser ses deux surfaces et un parement d'équerre pour fixer les angles *bm* du panneau, on tracera son contour pour la tranche cylindrique dans laquelle le

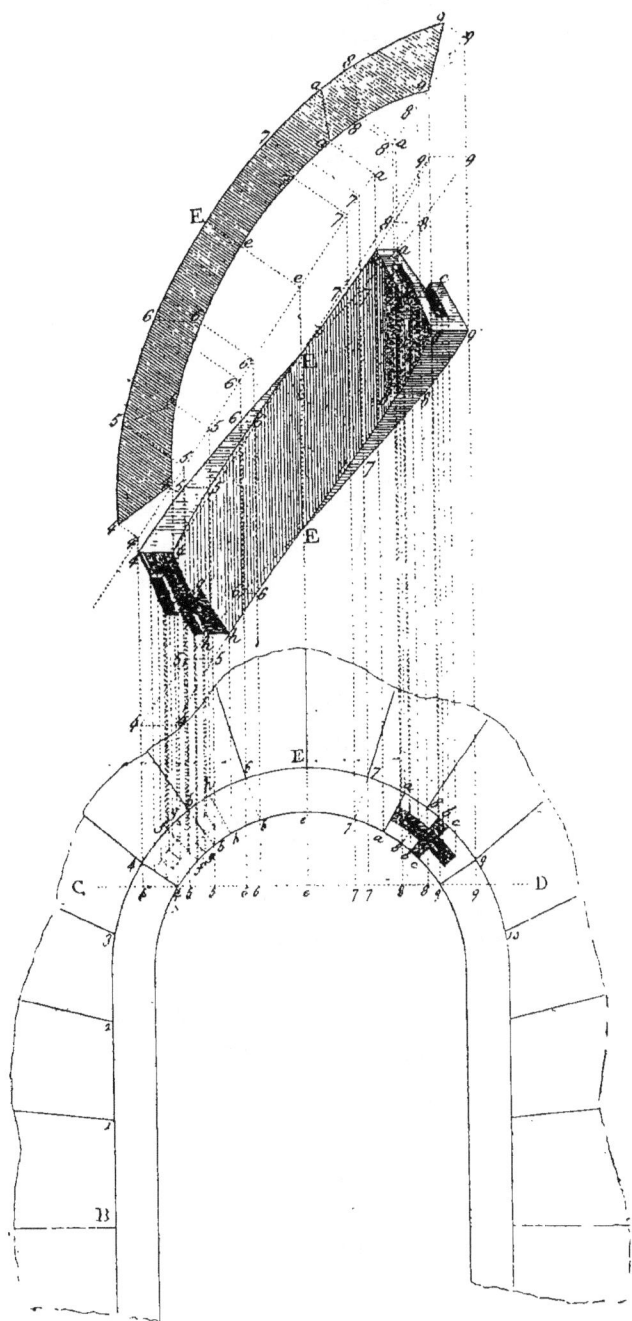

Fig. 53. — Épure du quartier tournant d'après Rondelet.

(*Art de bâtir.*)

limon rampant est compris. On en fera le développement en traçant les arêtes supérieures et inférieures par le moyen de lignes à plomb et de niveau correspondantes au profil des marches, ainsi qu'on le voit indiqué par la fig. I (fig. 52).

Il faut observer que les surfaces gauches du dessus et du dessous de cette partie de limon, appelée *quartier tournant* par les ouvriers, et *quartier de vis suspendu* par les auteurs, doivent être droites et de niveau dans le sens de la direction des marches prolongées, telle que qo, ts, rp.

La fig. 53 est une épure empruntée aussi à Rondelet (*Traité de l'art de bâtir*), d'un quartier tournant en bois ; cette épure montre la confection du *panneau rallongé* dont parle cet auteur dans ce qui est dit ci-dessus.

Voici un procédé que nous croyons susceptible de donner de très bons résultats : on fait l'épure du développement du limon, absolument comme s'il s'agissait de faire un limon en tôle et comme il est expliqué au chapitre des escaliers en fer, figures 94, 95 et 96.

Puis on reporte cette épure du limon développé sur une bande de papier suffisamment grande.

Les portions de cylindre composant le limon étant déterminées et taillées, d'après la projection horizontale du plan de l'escalier, on divise cette bande de papier en longueurs correspondantes au développement de ces surfaces cylindriques et on colle le papier sur les faces cylindriques, de façon que les lignes des contremarches soient verticales. On a ainsi le tracé des courbes supérieures et inférieures du limon et le tracé des rainures pour les marches et les contremarches.

CHAPITRE IV

ESCALIERS EN BOIS

Les escaliers en bois se font avec ou sans limon.
L'escalier en bois sans limon est constitué par une
suite de *marches pleines* taillées dans des blocs de bois
dur et s'emboîtant les unes sur les autres à la façon

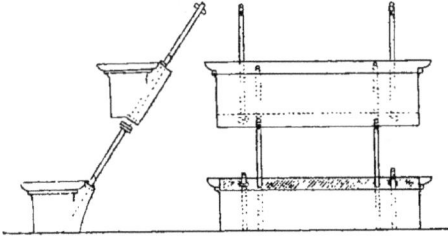 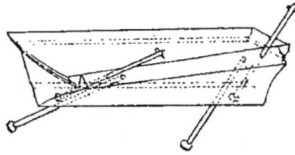

Fig. 54.   Fig. 55.   Fig. 56.

des marches de pierre. Ce système de construction est
à peu près abandonné de nos jours à cause de la cherté
des bois et du travail coûteux qu'il exige.

Pour réunir les marches pleines les unes aux autres,
on les traverse deux à deux par de longs boulons à cla-
vettes ou à écrous, comme le montrent les figures 54,
55, 56 et 57. On obtient ainsi l'*escalier anglais* qui se

fait à volées droites, courbes ou en escargot. Quand les marches massives sont prises d'un bout dans un mur, ces escaliers sont solides, mais s'ils sont entière-

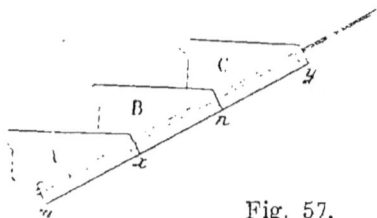

Fig. 57.

ment suspendus, ils sont toujours flexibles et sujets à se déformer par la dessiccation du bois.

L'escalier à *marches mixtes* est composé de marches

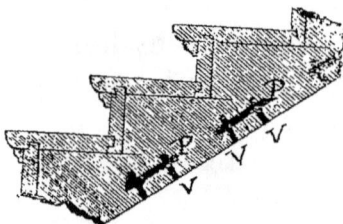
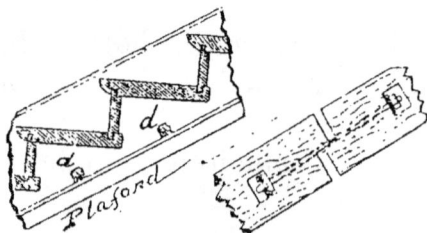

Fig. 58.   Fig. 59.   Fig. 61.

massives en bois recouvertes de marches et de contre-marches en planches assemblées, comme le montre la figure 58 où l'on voit une manière de réunir les marches pleines au moyen de plates bandes en fer P, noyées dans le bois, et de broches ou vis V.

Les escaliers en bois, à *limons droits à la Française*, sont constitués par des limons à bords parallèles, dans lesquels sont encastrées les marches et contremarches, comme le montrent les figures 59, 60 et 52.

Les marches peuvent être apparentes en dessous de l'escalier, comme dans la figure 60 : en ce cas, on les décore de moulures, sculptures ou caissons ; on peut

aussi masquer les marches par un plafonnage ou revê-
tement quelconque en-dessous, comme dans la
figure 59.

Les limons sont assemblés les uns aux autres ou

Fig. 60.

avec les paliers par tenons et mortaises et reposent
l'un sur l'autre par une denture comme on le voit
figures 44 et 53; mais il faut, en outre, renforcer cet
assemblage au moyen de fortes plates-bandes en fer
posées soit sur le côté, soit plutôt par-dessous la jonction des limons et encastrées dans le bois. Ces ferrures
sont fixées sur les limons par de fortes vis à têtes
fraisées (fig. 61 *bis*). On peut aussi employer à cet
effet des boulons noyés dans l'épaisseur des limons,
comme le montre la figure 61.

L'escalier à *limons à crémaillère* ou *à l'anglaise* a un
limon découpé suivant le repos des marches et contre-
marches ; il a donc la forme des dents de scie, comme

on le voit sur la figure 62 qui est l'épure d'un quartier tournant de limon à crémaillère.

L'assemblage de ces limons se fait de même que celui des limons à la française.

On donne généralement aux limons en bois une

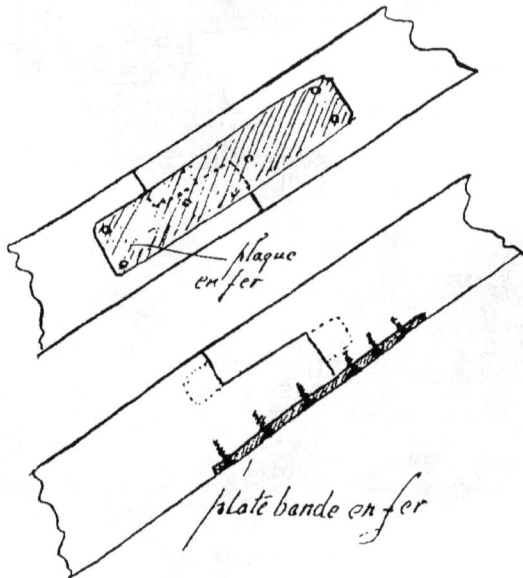

plaque en fer

plate bande en fer

Fig. 61 *bis*.

épaisseur de 5 à 12 centimètres et une largeur de 20 à 30 centimètres.

Les limons sont réunis ensemble, ou aux murs, par des *boulons d'écartement* et des *corbeaux* de soutien en quantité suffisante pour empêcher la déformation de l'ouvrage.

Assemblage des marches et contre-marches. — Pour former les *marches creuses*, les marches et contre-marches sont assemblées à rainure et languette, comme on le voit figures 58 et 59. On se borne quelquefois à les réunir simplement avec de longues vis dont la tête

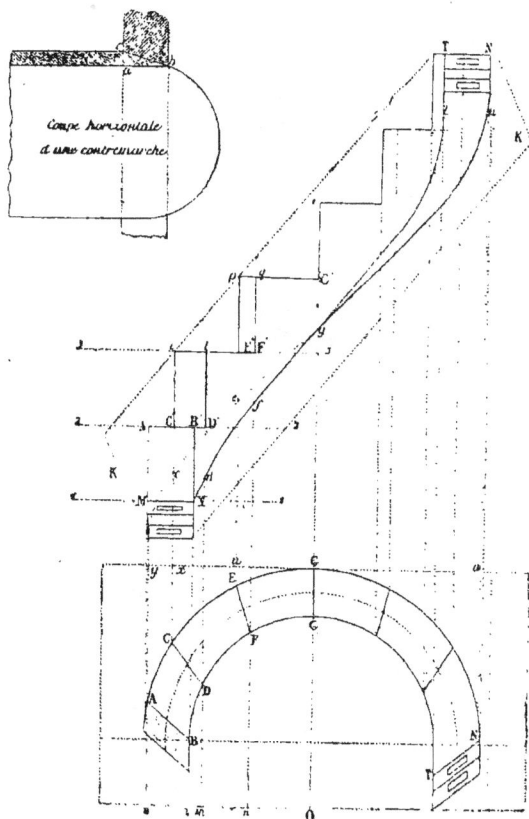

Coupe horizontale
d'une contremarche

Fig. 62.

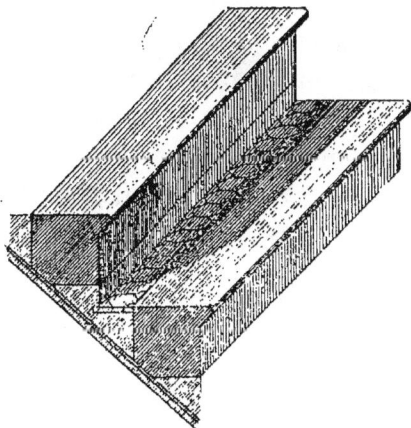

Fig. 63.

est noyée dans le bois (fig. 64) ou bien encore, on pose une cornière en fer avec des vis à chaque angle formé par les marches et contre-marches. Ce procédé est le plus moderne et le plus solide (fig. 65).

Contre-marches en tôle. — Dans les escaliers modernes, on fait souvent la marche en chêne de 55 mil-

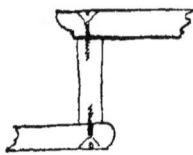
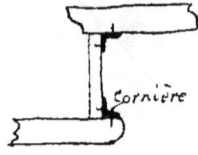
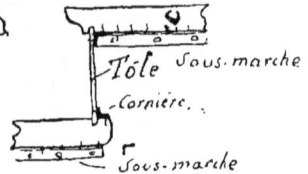

Fig. 64.   Fig. 65.   Fig. 66.

limètres d'épaisseur et la contre-marche en tôle de fer de 2 à 3 millimètres d'épaisseur. Cette tôle est encastrée dans des rainures pratiquées sur les marches (fig. 66) et leur est réunie par des cornières. En réunissant cette tôle aussi par des cornières avec les limons, elle remplace les boulons d'écartement. On réunit aussi les marches avec les limons au moyen de cornières en fer nommées *sous-marches*.

Marches en bois et maçonnerie. — On construisait autrefois des escaliers dont les marches étaient constituées par des poutres en bois, encastrées dans les murs ; entre ces poutres, qui formaient le devant de la marche, on faisait un hourdis ou remplissage en maçonnerie recouvert d'un carrelage comme le montre la figure 63.

Diverses formes d'escaliers en bois. — On fait en bois, toutes les sortes d'escaliers dont il a été question dans les chapitres précédents.

Les escaliers les plus simples sont ceux dont les
marches sont encastrées dans deux murs parallèles ;
en ce cas, le bois doit être scellé au plâtre dans les
murs, car le mortier de chaux détruit le bois.

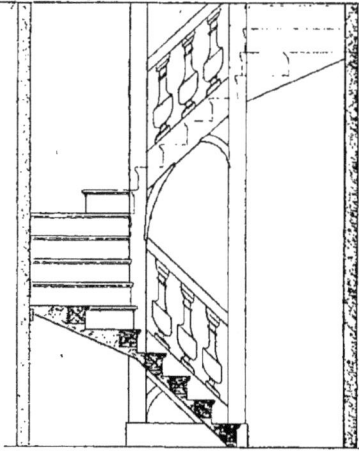

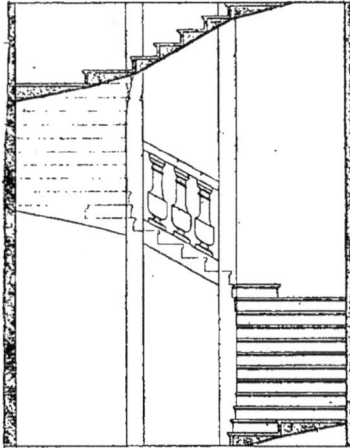

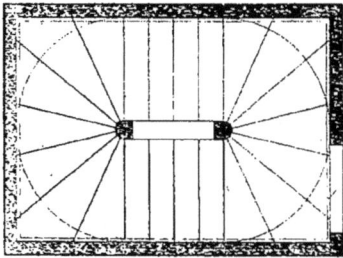

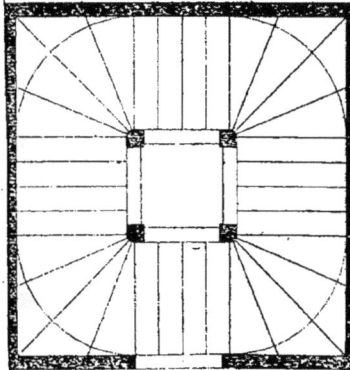

Fig. 68.   Fig. 69.

Les escaliers en bois à *limons superposés* sont soutenus par deux poteaux courant du bas en haut de la
cage d'escalier, comme le montre la figure 68.

Les escaliers à jour, rompus en paliers, se font avec
paliers soutenus par les murs, comme figures 42, 44

et 60. Les escaliers tournants à jour, non suspendus, se supportent par quatre poteaux, comme le montre la figure 69.

Les escaliers tournants à colimaçon se font à *marches pleines* et, en ce cas, chaque marche porte une par-

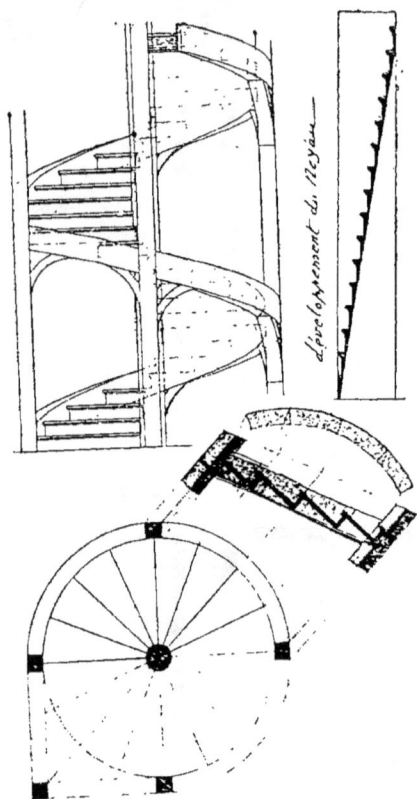

Développement du Noyau

Fig. 70.

tie du noyau, comme dans le cas des escaliers en pierre, ou avec un *poteau central* formant le noyau de l'escalier du bas en haut de la cage. En ce cas, les marches et contre-marches sont encastrées dans le poteau central, comme le montre la figure 70, dans laquelle les abouts des marches sont supportés par des limons cintrés et des poteaux ; ces abouts de marches peuvent aussi être encastrées dans les murs d'une cage ronde, ovale, carrée ou d'une forme polygonale quelconque.

On fait aussi des escaliers légers en escargots, en bois avec limon suspendu, comme le fait voir la figure

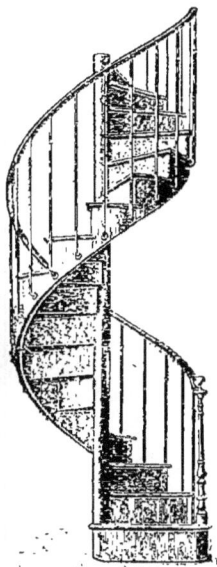 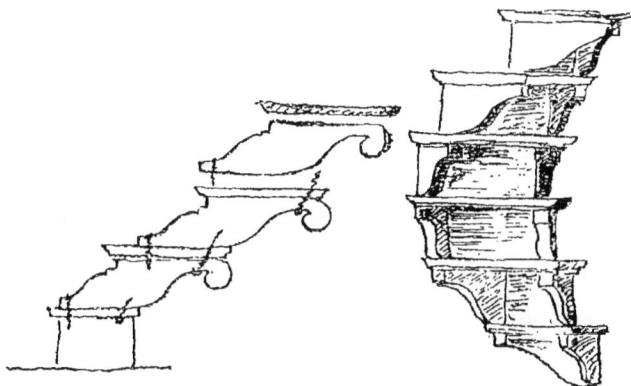

Fig. 71.   Fig. 72.   Fig. 73.

71, dans laquelle le noyau central est un mat rond portant les encastrements des marches.

Ces escaliers sont peu encombrants, généralement ils ont moins d'un mètre de diamètre total et on n'y peut faire passer que les personnes non chargées.

Les escaliers en escargot en bois sans noyau central peuvent se faire avec le procédé dit *escalier à consoles*, que montrent les figures 72 et 73. Les marches, contre-marches et portions de limons sont constituées par des planches découpées et assemblées par de longues vis. Ces escaliers ne conviennent qu'aux très faibles charges et pour les personnes seulement.

En ce qui concerne les escaliers à limons *dégagés ou*

suspendus, nous avons donné aux chapitres II et III de ce volume la manière de les tracer et de les exécuter.

Nous citerons comme spécimens d'escaliers élégants ou audacieux, en bois, la forme à deux rampants re-

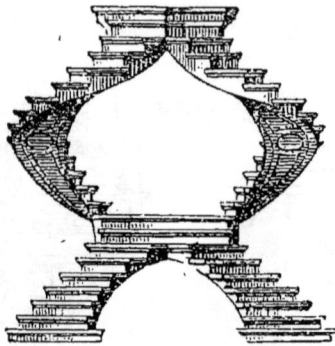

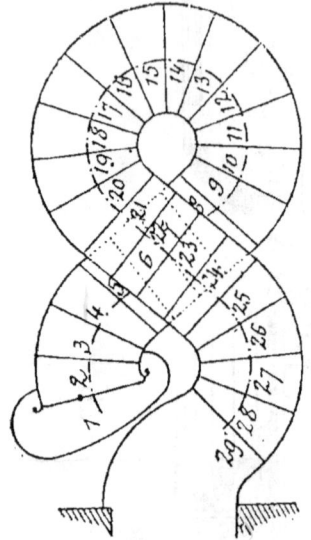

Fig. 74.   Fig. 75.

présentée par la figure 74 et l'escalier en forme de 8 que signale M. Barré dans son *Encyclopédie du Bâtiment* (fig. 75).

Paliers des escaliers en bois. — Les paliers en bois sont constitués par une partie de plancher reposant sur les murs de la cage avec, du côté du vide, ou jour de l'escalier, une poutre assez forte pour recevoir les abouts des limons qui viennent s'y assembler avec repos à édenture, tenons et mortaises (voir fig. 44). Cet assemblage est consolidé par des ferrures en forme de T encastrées sous la *poutre palière* et l'about des limons.

Prix des escaliers en bois. — Voici, d'après M. Barjot,

constructeur à Paris, le prix des escaliers en bois, par marche :

Escaliers à colonne dits escargots en chêne.

	Emmarchement	Epaisseur 0,027	Epaisseur 0,034
avec rampe et main courante {	0,45	7.50	8.50
	0,50	8.50	9.50
	0,55	9.50	10.50
	0,60	11.50	12.00
	0,65	13.50	14.50
	0,70	15.50	16.50
Cerces et paliers {	0,45	10.50	13.50
	0,50	10.50	13.50
	0,55	10.50	14.50
	0,60	12.50	16.50
	0,65	14.50	18.50
	0,70	16.50	20.50

Pose de chaque escalier dans Paris ..... 10 »
Pilastre fonte et boule cuivre .... 10 »
Garde-fou .... le mètre 12 »
Escalier monté sur place........en plus 5 »

Escaliers à l'anglaise tout chêne.

Emmarchement	ÉPAISSEUR DES MARCHES			
	0,027	0,034	0,041	0,054
0,60..........	11.50	12 »	12.50	»
0,70..........	12 »	12.50	13 »	13.50
0,80..........		13.50	14 »	14.50
0,90..........		14 »	14.50	15.50
1,00..........		15 »	15.50	16.50
1,10..........			16.50	17.50
1,20..........			17.50	18.50
1,30..........				19.50
1,40..........				20.50

L'épaisseur du limon à crémaillère jusqu'à 0.75 d'emmar-
chement est de. 0,54
De 0.80 à 1.10. 0,08
De 1.20 et au-dessus. 0,10

Escaliers à la Française
tout chêne à jour

Emmarchement 0 m. 70 depuis . . . . 15 fr. 50
    —   0 m. 80 — . . . . 16 fr. 50
    —   1 m.   — . . . . 20 fr. 50

Escaliers à la Française
rampe sur rampe.

Emmarchement 0 m. 70 depuis . . . . 14 fr. 50
    —   0 m. 80 — . . . . 15 fr. 50
    —   1 m.   — . . . . 19 fr. 50

Escaliers à la Française avec paliers de repos

Emmarchement 0 m. 70 depuis . . . . 18 fr. 50
    —   0 m. 80 — . . . . 20 fr. 50
    —   1 m.   — . . . . 22 fr. 50
(Paliers en sus.)

CHAPITRE V

ESCALIERS EN PIERRE

On ne fait plus guère aujourd'hui d'escaliers en pierre dans les habitations, sauf pour les perrons et l'extérieur (voir à ce sujet le chapitre des *perrons*). Les marches des escaliers se font en pierres dures de Comblanchien, de Lorraine, etc., ou en marbre (voir au volume II la nomenclature des pierres dures). On en fait aussi en agglomérés de pierres dures et de ciment blanc. Les figures 26 à 38 montrent les divers profils de marche en pierre. L'escalier en pierre le plus simple est celui dont les marches reposent par chaque bout sur un mur ; un escalier pour desservir plusieurs étages se construit ainsi sur trois murs parallèles avec des paliers entre chaque volée de marches, comme l'escalier à limons superposés dont nous parlons au chapitre *escaliers en bois* ; mais ici les poteaux de bois sont remplacés par des murs en pierre (fig. 76).

Dans les tours rondes ou ovales, on fait des escaliers en pierre en *colimaçon* dont les marches ont la forme que montre la figure 78.

Au centre, tous les noyaux s'emboîtent les uns sur

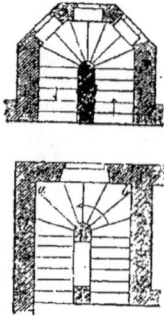

Fig. 76.

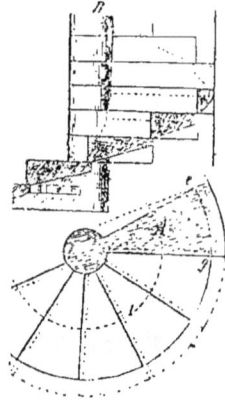

Fig. 77.

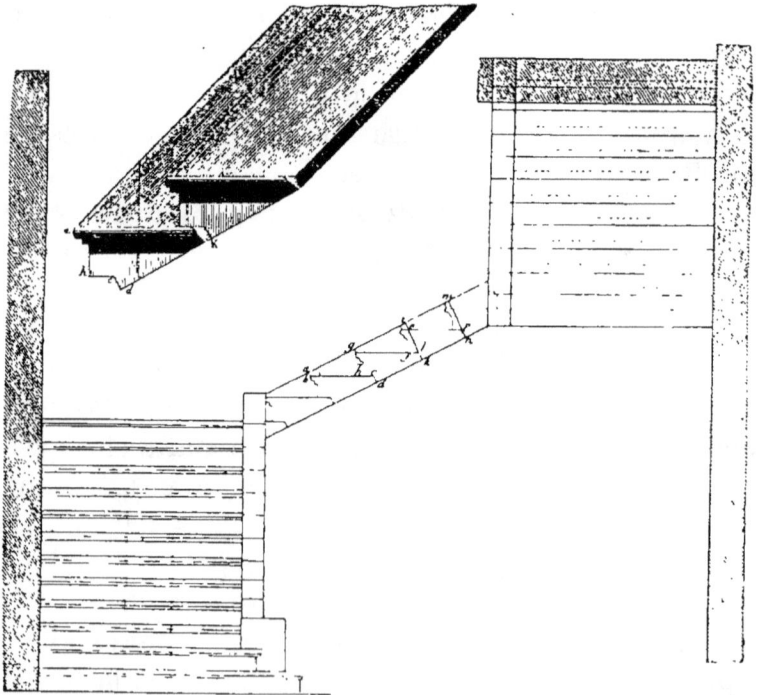

Fig. 79. Fig. 80.

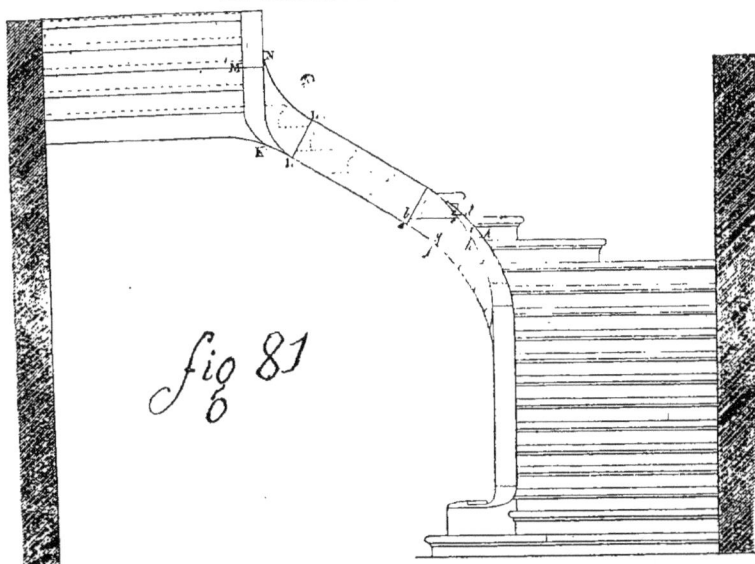

fig 81

Fig. 82.

les autres pour former une colonne du haut en bas de l'escalier ; les paliers se font avec une marche plus large que les autres (fig. 77).

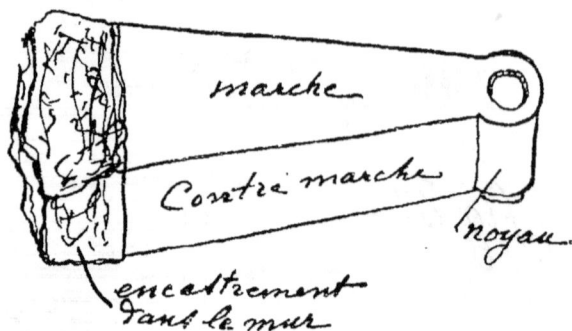

Fig. 78.

Les escaliers à jour en pierre se font : 1° avec limon suspendu dans lequel les marches formées de plaques de pierre ou de marbre sont encastrées comme le montre la figure 81. Dans ces escaliers, les marches sont en-

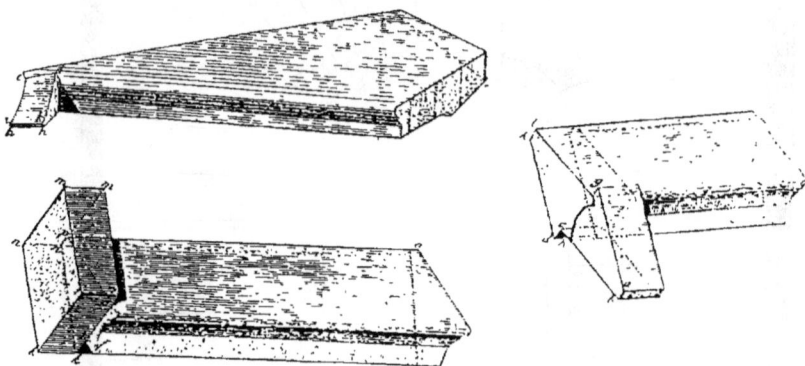

Fig. 83, 84 et 85.

castrées dans le mur de cage par une de leurs extrémités ; elles reposent les unes sur les autres d'un bout à l'autre par une feuillure pratiquée sous la contre-marche ; enfin, elles sont encastrées dans une rainure de 4 à 5 centimètres de profondeur entaillée dans le

limon en pierre. Le tracé du limon en pierre doit être
tel qu'il forme un arc de cintre résistant à la pression
des marches. (Dans l'escalier figure 81 les 5 marches
balancées portent leur limon.)

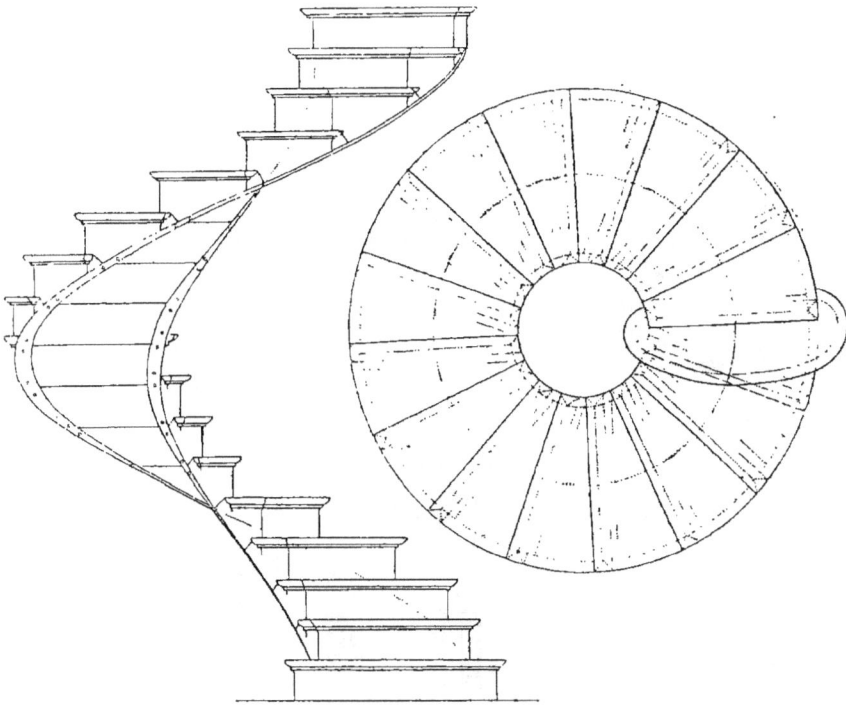

Fig. 86.

La figure 82 est le plan de cet escalier.

2° Avec limon suspendu dans lequel les marches portent à leur extrémité une partie du limon (figure 86).
Ces marches se superposent et s'encadrent non seulement par une feuillure longitudinale mais dont les
portions de limons s'encastrent les unes dans les autres
par des coupes compliquées (fig. 83, 84 et 85).

3° A volées droites sans limons avec paliers de repos,
comme le montre la figure 80, les marches sont encastrées dans le mur et reposent les unes sur les autres par

une feuillure ; la figure 79 montre le détail d'assemblage de deux de ces marches.

4° Suivant les mêmes principes d'encastrement des

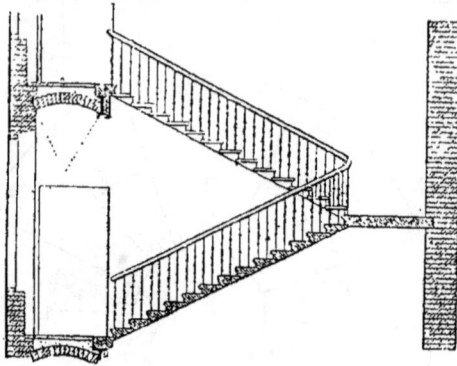

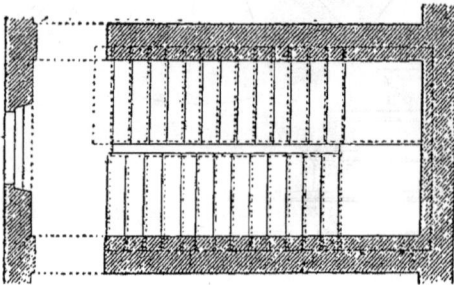

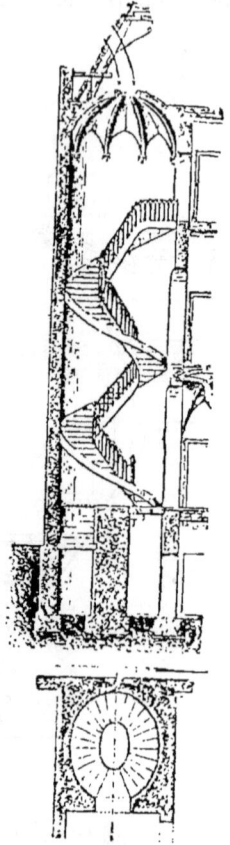

Fig. 87.   Fig. 87 bis.

marches en pierre, on fait des escaliers à *vis à jour*
dont la figure 39 donne une idée.

M. Devillez conseille de donner plus d'épaisseur aux
marches en pierre du côté de la cage d'escalier que du
côté du vide, ce qui est nécessaire, car la résistance des
marches est surtout due à leur encastrement dans le
mur.

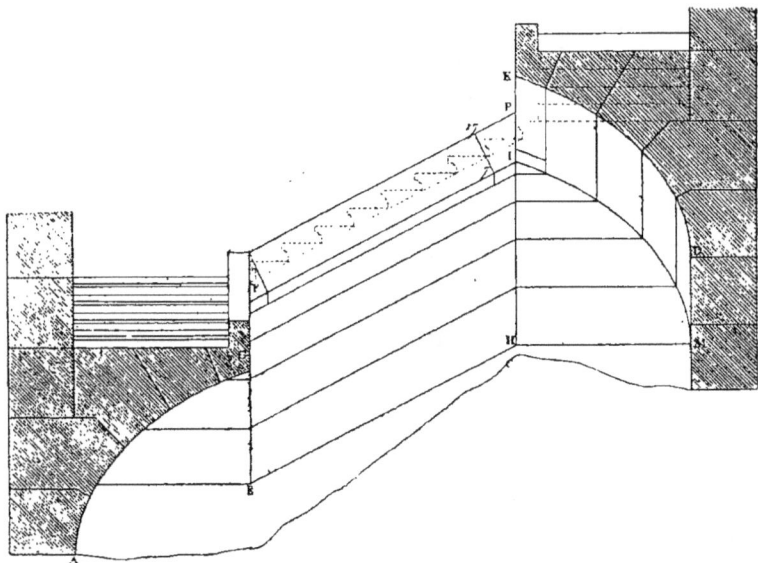

Fig. 88.

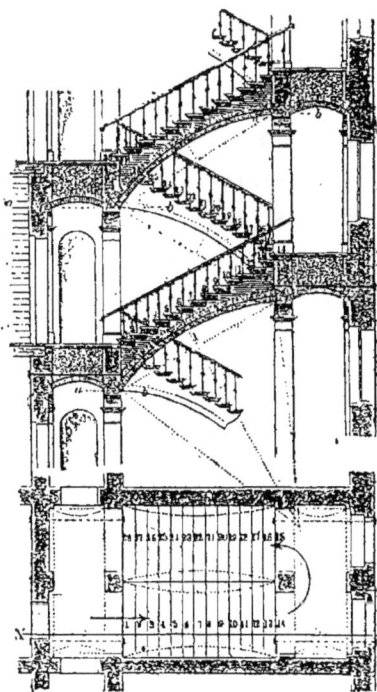

Fig. 89.

Souvent on augmente la liaison des marches entre elles en posant des goujons en fer scellés d'une marche à l'autre dans la feuillure de jonction (fig. 86).

Escaliers suspendus. — Dans ces escaliers, les volées droites reposent sur les paliers, comme le montre la figure 87 ou sur des voûtes en *arc de cloître* comme le montre la figure 88. La figure 87 *bis* montre un escalier suspendu en pierre appelé vis à jour.

Escaliers sur voûtes avec arc rampant. — La figure 89 montre cet escalier en pierre dont les volées et paliers reposent sur un arc de cintre entre la cage et un pilier de pierre de taille.

Escaliers des caves. — On les fait avec des marches grossières (fig. 26 et 28) reposant sur un mur du bâtiment et sur un mur d'échiffre en pierres de 35 d'épaisseur ou en briques de 22. Ces escaliers, inclinés à 45° *au maximum*, doivent avoir au moins 0 m. 90 de largeur pour permettre la descente des tonneaux. En haut de la cage de ces escaliers on scelle un très fort *crochet* en fer de 25 millimètres de diamètre pour amarrer les cordages servant à descendre ou à monter les tonneaux pleins.

CHAPITRE VI

ESCALIERS EN FER, EN ACIER

Les escaliers métalliques se font en fer, en fonte, en tôle, mais surtout en acier (1).

Escaliers en fer. — L'incombustibilité et la grande résistance du fer et de l'acier ont conduit à faire des escaliers entièrement de ces métaux ; ils offrent une grande sécurité, mais ne sont cependant pas à l'épreuve du feu autant que ceux en béton armé dont il sera question plus loin.

Les différentes dispositions des escaliers en bois ou en pierre peuvent être adoptées lorsqu'on fait usage du métal, qui se prête aussi à la décoration, mais avec ce dernier on a en outre un grand avantage relativement à la fabrication. Le tracé d'un limon en bois nécessite un grand travail d'épure ; avec le fer, le limon étant tracé, on n'a qu'à le cintrer, après découpage, dans les quartiers tournants.

Dans les escaliers à limons superposés, sans jour,

(1) On fait des marches en *zinc* pour les toitures ; nous les avons décrites volume VI.

on gagne, au profit de l'emmarchement, la différence
d'épaisseur du limon en pierre ou en bois, avec le limon
en fer, soit de 7 à 15 centimètres.

Les escaliers métalliques ne sont guère plus coûteux

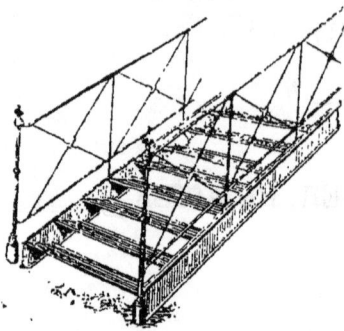

Fig. 90.

Fig. 91.

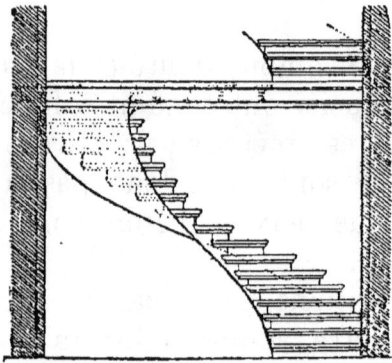

Fig. 92.

Fig. 93.

que ceux en bois, mais les avantages qu'ils procurent
ne doivent pas faire hésiter à les choisir dans un grand
nombre de cas.

Les escaliers en fer les plus simples se composent
de limons droits formés de fers à U, ou de tôles armées
de cornières, entre lesquels les marches en tôle striée
sont fixées par deux petites cornières ou sous-marches

ou encore par des goussets en tôle repliée à la forge.

Les figures 90 et 91 montrent ce genre d'escaliers (Pantz à Jarville), dont voici les prix :

Rampe en fer forgé méplat et carré, *le mètre courant*...				8	50
Escalier tournant en fer et fonte, compris rampe à fuseaux.					
Diamètre 1 m. 10 *Prix de la marche compris rampe.*				17	»
» 1 m. 40	»		»	20	»
» 1 m. 60	»		»	25	»
Pilastre de départ en fonte................. *la pièce*				10	»
Escalier droit tout en fer, marches à jour, sans contre-marches.........................					
Largeur 0 m. 80. *Prix de la marche non compris rampe*				17	»
Rampe en fer forgé méplat et carré *Prix du mètre courant*				10	»
Pilastre de départ en fonte...... *Prix de la pièce*,..				8	»
Escalier droit tout en fer, marches en tôle striée (ou bois de chêne) avec contre marches à jour, largeur 0 m. 80,					
Prix de la marche non compris rampe				22	»
Rampe en fer forgé méplat....... *Le mètre courant*				22	»
Pilastre de départ en fonte............. *La pièce*				9	»

Les escaliers en fer à volées droites ou rompus en paliers se construisant comme les escaliers en bois ; le limon est ici constitué soit par une simple bande de fer méplat, soit par une poutre armée ou croisillonnée dont on verra des exemples dans nos gravures ci-après.

Les escaliers en fer suspendus, à limons cintrés, se font dans toutes les formes et dimensions et avec plus de facilité et d'économie que ceux en bois, car le fer se cintre avec une grande facilité. Les figures 92 et 93 montrent des exemples d'escaliers tournants suspendus avec limons en tôle de fer ou d'acier.

Tracé des limons en tôle. — Ces limons se tracent et se découpent sur des feuilles de tôle d'acier ou de fer *plat* ou encore dans les fers *larges plats* du commerce.

Voici comment on procède pour faire ce tracé : on fait d'abord l'épure sur plan horizontal de l'escalier en déterminant le balancement des marches, comme le montre la figure 94 qui est faite pour 20 marches.

Ensuite, on porte sur une droite OX (fig. 95), la longueur totale du limon développé et la division des marches que l'on numérote de 1 à 20. Sur une perpendiculaire OY, on porte les hauteurs des marches, qui font des divisions égales sur cette droite OY, et *on bat au cordeau* toutes les lignes parallèles à OX et à OY.

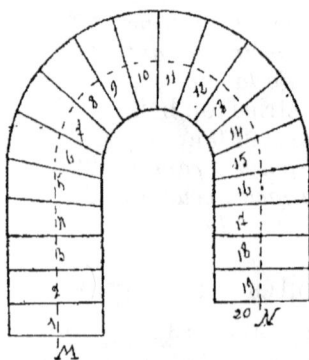

Fig. 94.

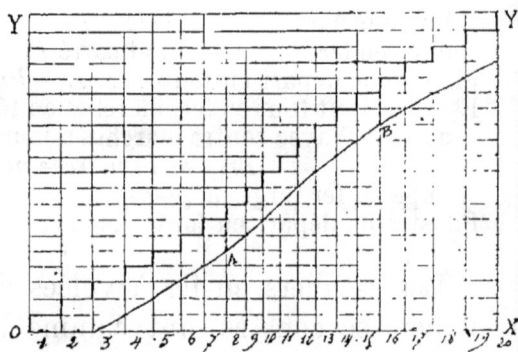

Fig. 95.

Le tracé du limon est déterminé par l'intersection de ces lignes, comme on le voit sur la figure 95.

Le limon est le plus souvent formé de plusieurs feuilles de fer plat qui sont fixées les unes au bout des autres par des contreplaques, éclisses et boulons ou rivetages.

Quand le limon est tracé, on le *cintre au marteau*, selon les lignes verticales *correspondantes à celles de l'épure* et que l'on a soin de tracer sur le limon pour *indiquer le coup* à l'ouvrier cintreur. Ces lignes doivent être verticales quand le limon est en place.

Dans la figure 95 le cintrage commence en A et finit en B.

Le tracé du *faux-limon* se fait de la même manière ; la figure 96 indique le tracé du faux limon ou rampe extérieure de l'escalier de 20 marches que nous avons pris pour exemple. Ici, le cintrage commence en C et finit en D.

La fabrication des limons métalliques est ainsi plus rapide et moins coûteuse que celle des limons en bois.

Découpage des marches. — Le dessin des marches est obtenu en battant au cordeau sur le limon, posé à plat sur l'épure, les lignes horizontales et verticales

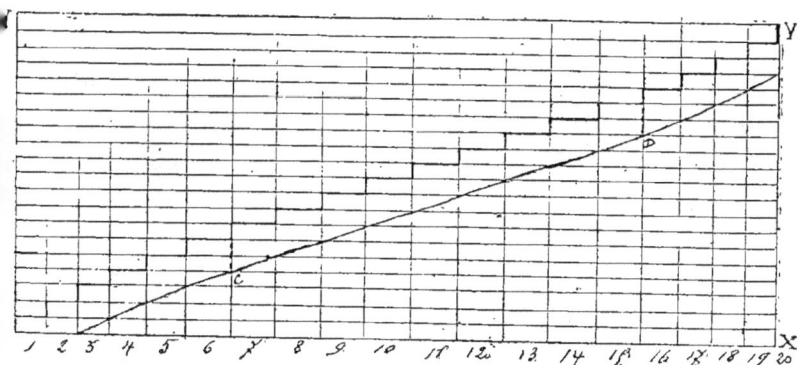

Fig. 96.

de cette épure. Suivant que le limon doit recevoir des marches en bois ou en pierre, on découpe un encastrement pour ces marches comme le montrent les figures 97 et 98. On a ainsi le limon à crémaillère ou à l'anglaise.

Pour donner partout au limon la même largeur, on prend une ouverture de compas de 13 à 15 centimètres, selon la résistance que l'on désire et, à partir des points AA ,etc., on trace de petits arcs de cercle auxquels la ligne intérieure du limon est tangente ; on fait cette ligne en courbe continue.

Le découpage de la tôle se fait à la scie à métaux ou avec des cisailleuses spéciales.

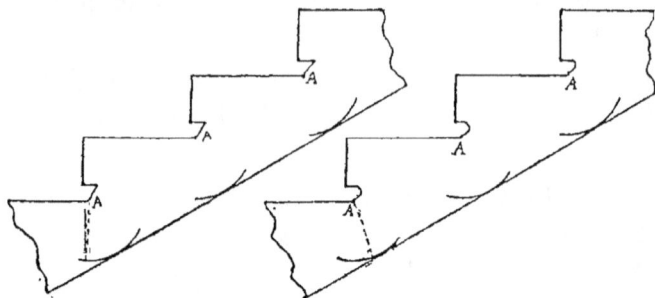

Fig. 97.   Fig. 98.

Quand l'escalier doit avoir une grande solidité, le limon peut être constitué par une tôle d'acier armée de cornières, c'est-à-dire par une poutre composée ; on peut encore le faire avec des fers en I ou en U de

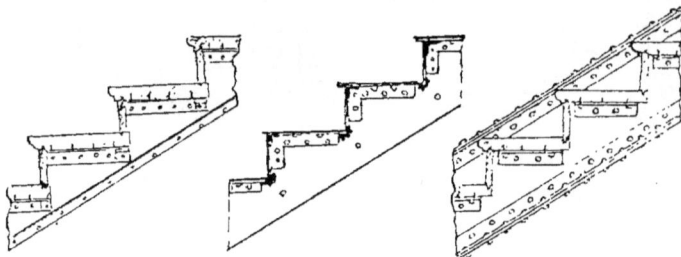

Fig. 99.   Fig. 100.   Fig. 101.

largeur suffisante, ou avec une poutre croisillonnée (voir le volume V, pour le calcul de ces poutres).

En ce cas en fait généralement le limon *à la française*, c'est-à-dire que les marches n'y sont pas découpées, mais sont fixées sur le champ du limon, avec des sous-marches en cornières comme le montre la figure 101.

Dans tous les escaliers en fer, les marches forment

entretoise entre le mur de cage ou le faux limon et le limon, ce qui peut, *dans certains cas*, dispenser de réunir le limon au mur par des boulons ; ceux-ci, s'ils ne sont pas toujours nécessaires, ne sauraient toutefois être nuisibles à la solidité de l'escalier.

Réunion du limon au palier. — Cet assemblage se fait de la manière la plus simple par des équerres en fer forgé avec angle à la demande, suivant que le

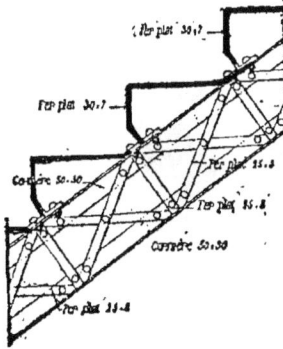

Fig. 102.

limon arrive au palier à angle droit ou à angle aigu ou obtus. Ces équerres sont boulonnées dans la poutre en fer ou *filet* limitant le palier. Quelquefois, on remplace les équerres en fer par des pièces en fonte plus ou moins armées.

Marches des escaliers en fer. — Les marches des escaliers en fer se font en bois, en marbre, en pierre, en hourdis de ciment ou en tôle striée (fig. 100).

Les marches sont réunies au limon par des cornières (*sous-marches*), rivées sur le limon et percées des trous nécessaires au passage des vis ou boulons qui fixent les marches (fig. 99, 100 et 101).

Les *contre-marches* se font en bois ou en tôle ; souvent on se contente de les encastrer dans des rainures pratiquées dans les marches ; d'autres fois on les fixe aussi au limon par des cornières. Les contre-marches

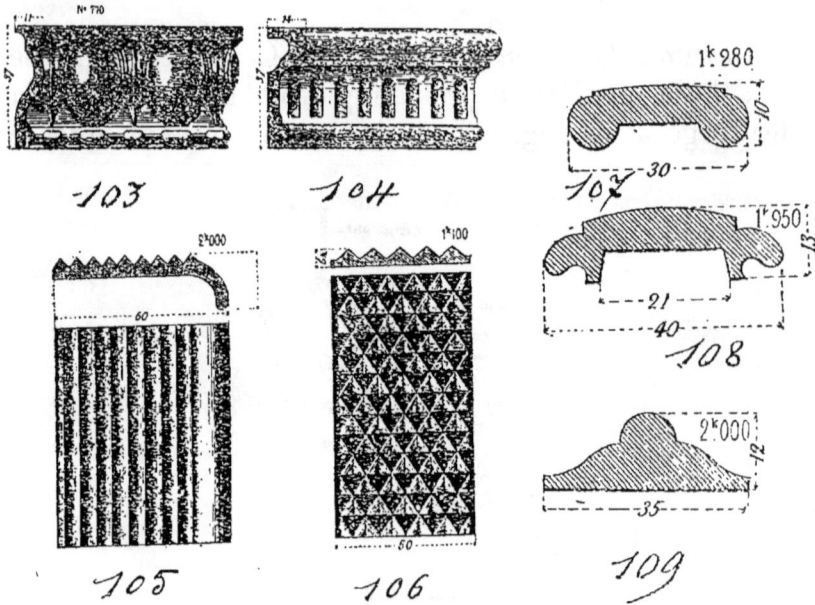

Fig. 103 à 109.

en fer se réunissent aux marches en fer par de petites cornières et des vis ou rivets affleurés sur la marche (fig. 100). La figure 102 montre un escalier métallique dans lequel les marches et contre-marches sont formées de lames de fer plat repliées et fixées sur un limon croisillonné.

Décoration des escaliers en fer. — Cette décoration s'obtient par l'emploi des *fers à moulures* et des motifs en fonte : rosaces, palmettes, rampes décoratives, etc. (voir volume VIII, pages 31 et 33).

Les figures 103 et 104 montrent les moulures en fer profilé propres à la décoration des limons.

Les figures 105 et 106 sont des tôles spéciales pour marches d'escaliers (L. Nozal).

Les figures 107 et 109 sont des fers pour mains courantes.

CHAPITRE VII

ESCALIERS EN CIMENT OU BÉTON ARMÉ

Dans le volume II de cette encyclopédie, nous avons énuméré les qualités du *béton armé* ; nous avons spécialement insisté sur la résistance à l'incendie de ce matériau qui est des plus précieux et des plus aptes pour la construction des escaliers, des paliers et des cages d'escaliers. Susceptible d'être employé en parois minces, quoique très résistantes, et de prendre toutes les formes les plus compliquées sur des cintres en bois peu coûteux, le béton armé permet de faire économiquement des escaliers peu encombrants, extrêmement solides et d'une résistance absolue au feu (voir au volume II les proportions des mortiers et bétons).

Le béton armé permet d'exécuter les escaliers de toutes formes, aussi bien ceux en escargot sans cage ne reposant que sur un pilier central que ceux suspendus, avec ou sans limon. Mais les *coffrages* en bois nécessaires pour confectionner ces escaliers à formes courbes sont assez coûteux ; les escaliers à volées droites s'appuyant sur les paliers et sur les murs de la cage sont les plus faciles à construire, car le coffrage se réduit à des planches simplement posées et étayées sous les rampes droites de l'escalier.

Le coffrage des escaliers courbes se fait en fabriquant un arc de cintre avec des madriers découpés à la demande, cloués ensemble et ayant la forme du limon suspendu.

On trace le long des murs de la cage la ligne inférieure des marches et on étaie des planches qui, d'un côté suivent cette ligne et, de l'autre côté, reposent sur la forme du limon. Les étais doivent être assez solides pour ne pas fléchir sous la charge du béton et des pilonnages.

Ancrages dans les murs. — Les armatures des marches et du limon doivent toujours être raccordées et accrochées solidement avec les armatures des murs de la cage, ou du pilier central de l'escalier, ou des paliers s'il y en a. Les armatures des paliers doivent être aussi accrochées aux armatures des murs.

Quand un immeuble est construit en béton armé, on monte l'escalier en même temps que les murs, de façon que le tout soit un seul monolithe armé.

Quand on veut faire un escalier en béton armé dans un immeuble déjà construit, il faut de toute nécessité assurer l'ancrage des paliers, marches et limons dans les murs ; on peut aussi prévoir l'escalier pour se passer de l'appui sur les murs, en le faisant reposer sur des *faux-limons* en béton armé.

Construction des paliers. — Les paliers, n'ayant pas généralement une grande portée, et ne devant pas recevoir de fortes surcharges peuvent, le plus souvent, être considérés comme une simple *dalle* ou *hourdis* que l'on construira comme il a été dit au volume III, pages 99 et suivantes.

Si l'on prévoit de fortes surcharges on pourra, soit augmenter l'épaisseur de la dalle et renforcer ses armatures, soit la soutenir par une poutre en béton armé convenablement calculée (voir volume III).

Construction des rampes droites. — On peut les faire

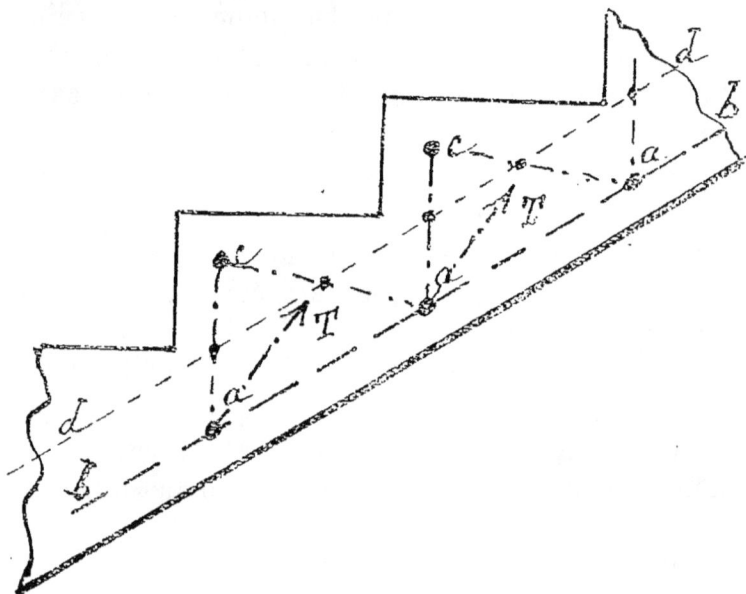

Fig. 110.

sans limons, c'est-à-dire en les considérant comme des *dalles épaisses*, dont la partie supérieure présente des angles qui forment les marches.

La figure 110 montre une portion de rampe droite conçue dans ce sens ; elle est fortement armée à la partie inférieure qui travaille *à la traction*, par des barres *bb* réunies aux poutres palières ; la partie supérieure de la dalle, travaillant *à la compresion*, est armée de fers plus légers *dd*. Des fers transversaux *a* et *c* arment les marches et sont ancrés dans les murs. Enfin des tirants T réunissent *obliquement* la partie extérieure de la rampe avec les murs de la cage ; ces tirants T travaillent *à la traction* et *suspendent* l'escalier aux murs, comme on le voit clairement dans la figure 111.

Les rampes droites avec limons se font de la même

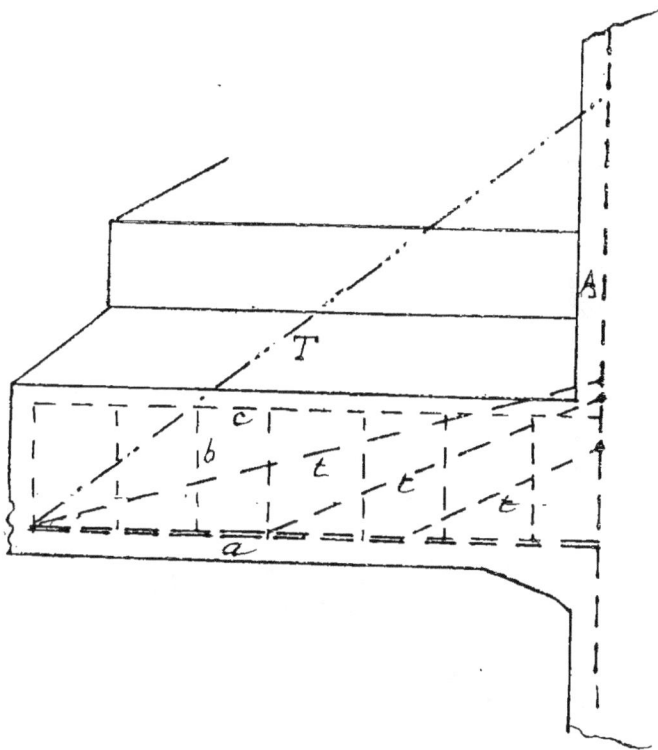

Fig. 111.

manière, mais le limon est constitué par une poutre armée réunissant les deux paliers et les marches, comme on le voit sur la figure 114.

Escaliers tournants ou suspendus. — La figure 111 montre la manière d'armer les marches d'un escalier suspendu à un mur ou à un pilier ; la marche doit être considérée comme une poutre *encastrée par une extrémité*, dont nous avons parlé volume III, page 102.

L'armature formée de barres horizontales *c* et *a*

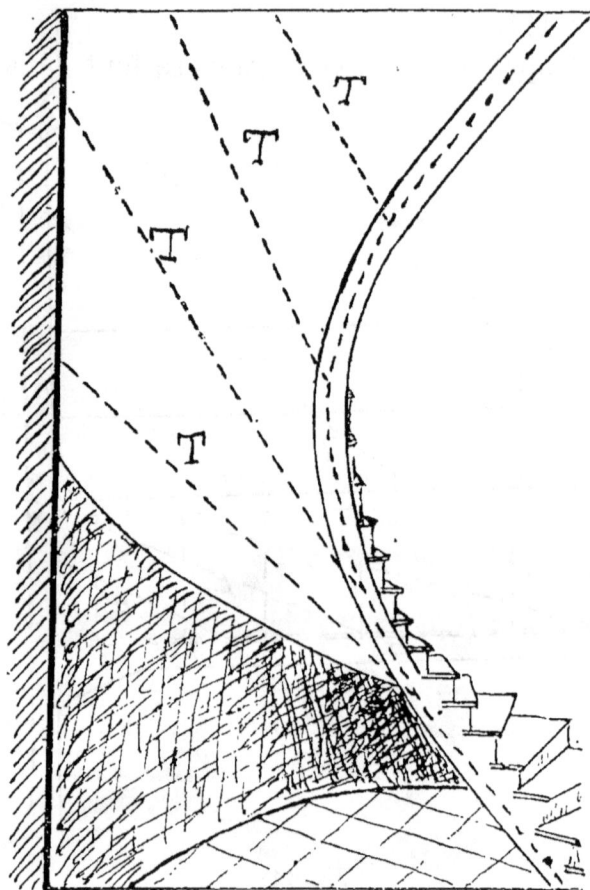

Fig. 112.

réunies par des liens *b* est complétée par des *tirants* obliques *ttt* noyés dans l'épaisseur de la marche. Quand on suspend l'escalier à un mur, on pose des tirants T réunissant la partie extérieure de la marche aux parties hautes du mur, comme on le voit clairement sur les schémas, figure 111 et figure 112. Cette dernière montre un escalier tournant dans une cage circulaire (ou carrée) ; les tirants TT sont noyés dans le béton du hourdis et suspendent le limon aux murs.

La figure 113 montre un escalier tournant avec

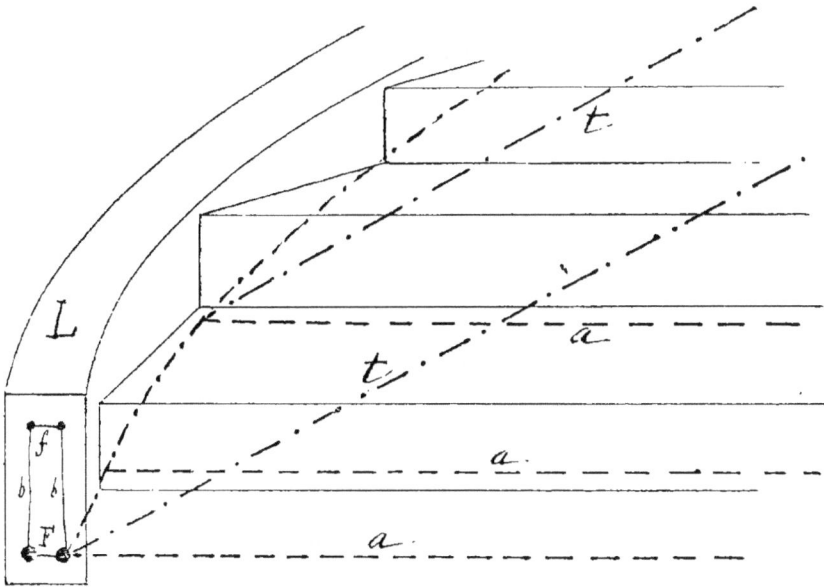

Fig. 113.

limon ; on y remarque spécialement l'armature du limon et les tirants *t t* reliant le limon aux parties supérieures des murs de la cage.

Calcul des armatures. — Ce calcul est assez compliqué, et nous avons indiqué au volume III la manière de calculer les efforts subis par les dalles et les sections de métal à employer. Nous y renverrons le lecteur et nous bornerons à dire ici que pour les escaliers d'appartements les dalles des paliers et volées ont rarement une épaisseur supérieure à 0 m. 15 (saillie des marches en sus). Les grosses armatures travaillant à la traction se font en barres rondes de 18 à

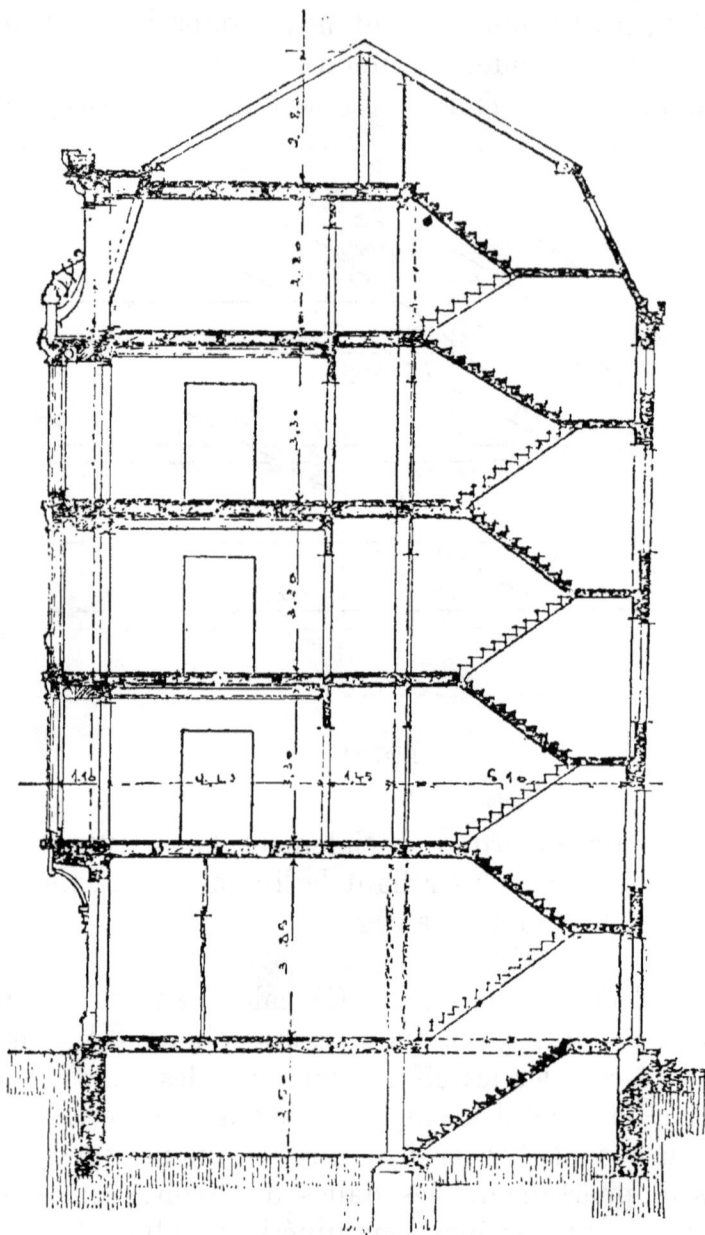

Fig. 114. — Escalier en béton armé, à rampes droites.

Fig. 115, 116 et 117.

20 millimètres de diamètre ; les petites armatures assurant la cohésion du béton se font en fentons ou en ronds de 8 à 10 millimètres de diamètre.

Toutes les armatures sont, bien entendu, reliées et ancrées les unes aux autres selon les règles données au volume III.

Nous empruntons au journal le *Béton armé* deux spécimens d'escaliers :

La figure 114 montre les escaliers et les paliers en béton armé dans une maison de rapport qui est du reste entièrement construite avec ce matériau. On voit que les paliers et les rampes sont de simples dalles appuyées les unes sur les autres et reliées aux murs.

Les figures 115, 116 et 117 montrent un escalier monumental à deux rampes, soutenues sur piliers en béton armé ; les paliers sont en porte à faux, mais la solidité de l'ensemble est assurée par des poutres formant limons continus entre les deux volées et le palier de repos.

CHAPITRE VIII

ESCALIERS ÉCONOMIQUES

On constitue très facilement des escaliers économiques en fer, *entre deux murs*, en scellant dans ces murs des poutrelles en fer à U, de la hauteur des marches, sur lesquelles reposent et sont fixées par des vis les marches en bois, pierre ou métal, comme le montre la figure 119.

On peut aussi faire un escalier entre deux murs avec des fers à T et des cornières comme le montre la figure 120.

Le tout étant hourdé au plâtre ou au ciment avec des petites pierres ou encore en formant le plafond sous le limon avec un hourdis de poteries.

La surface des marches se fait par un enduit au ciment ou par un carrelage ou encore avec des plaques de tôles striées retenues par des scellements dans la maçonnerie de remplissage.

Escaliers économiques, système Fabre. — Ce système d'escalier est employé avec succès depuis de longues années dans le Midi de la France, en Algérie, en

Espagne, etc., et à Paris, il a été appliqué dans de
nombreux immeubles où il a donné toute satisfaction.

Ces escaliers peuvent se faire dans n'importe quelle

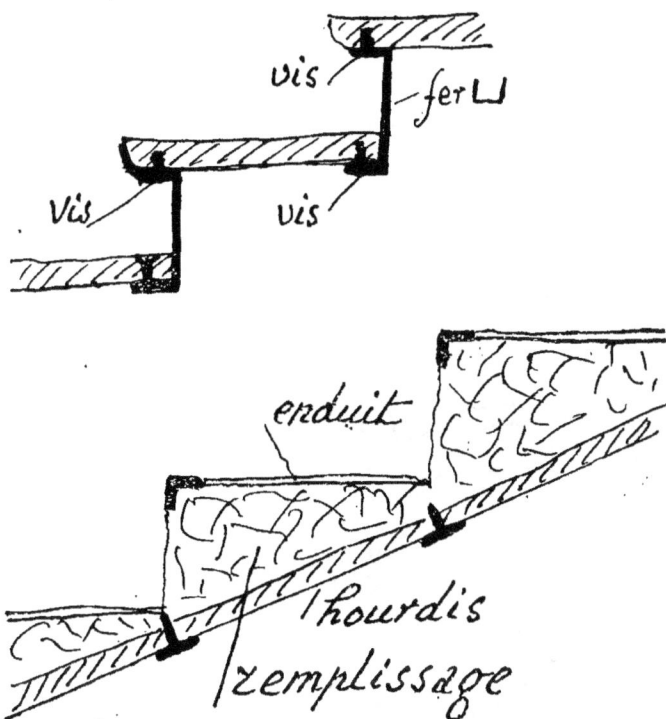

Fig. 119 et 120.

cage (gros murs ou pans de fer) et quelle qu'en soit
la forme ; ils se composent d'un fer I cintré à la forme
du limon, comme le montre la figure 121.

Sur ce limon, on pose des *semelles* en pierre de 4 ou
5 centimètres d'épaisseur et des contremarches égale-
ment en pierre de 25 millimètres d'épaisseur, scellées
dans le mur de la cage ; on voit en *a a* ces contre-
marches.

On pose des barres de fer en I scellées dans le mur
et reposant sur le limon, et, par dessus ces barres TT,

d'autres barres de fers en I, *en bascule*, portant dans
le mur et sur les barres TT. Toutes ces barres de fer
sont posés sous le rampant, comme le montre notre
gravure.

On fait ensuite un plafond rampant, dans lequel
sont noyées les barres de fer, en briques creuses et

Fig. 121.

plâtre, de sorte que le tout forme un monolithe d'une
solidité à toute épreuve.

Les escaliers se font à l'anglaise ou à la française ;

dans le premier cas, on fait l'enduit en plâtre de la face du limon ; dans le second, on amorce le limon.

Les marches sont constituées par des plaques de marbre ou de pierre dure que l'on scelle sur le hourdis ainsi constitué.

M. Bion ,constructeur des escaliers système Fabre, arrive ainsi au prix de 17 à 22 francs la marche d'un mètre, suivant la pierre employée et de 27 à 32 francs avec marches en marbre, y compris les trous et scellements des pitons de la rampe et un grésage définitif à la fin des travaux.

CHAPITRE IX

ESCALIERS EN FONTE

Ces escaliers ont l'avantage du bon marché, du faible encombrement et du montage rapide ne nécessi-

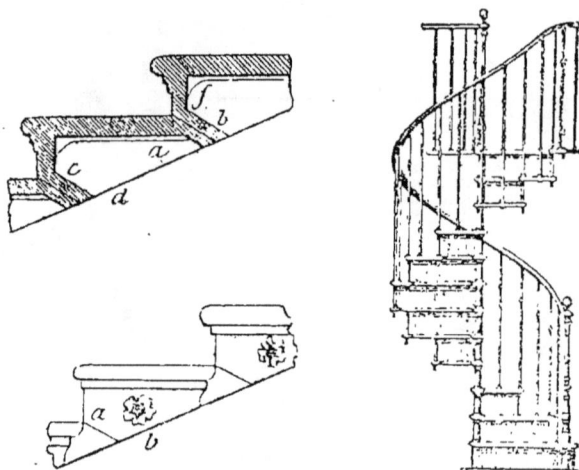

Fig. 122 et 123.

tant pas d'ouvriers spécialistes. Ils sont surtout employés pour l'accès des personnes aux entresols et sous-sols ou pour perrons à bon marché. La nature cassante de la fonte interdit leur emploi dans les cas où de fortes surcharges sont à prévoir.

PLAQUES À DAMIER

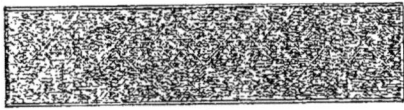

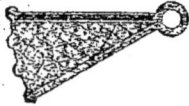

MARCHE D'ESCALIER

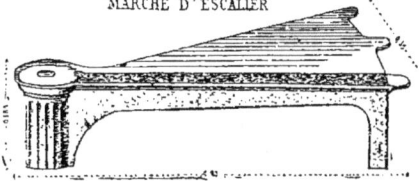

Fig. 124, 125 et 126.

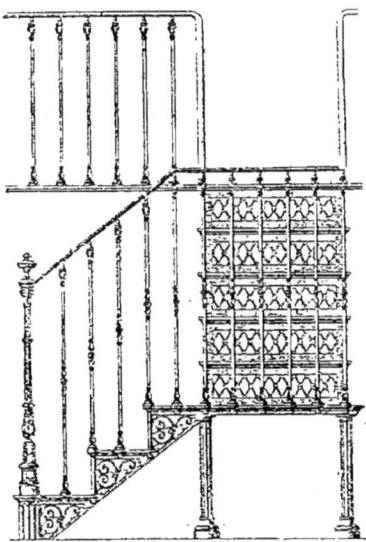

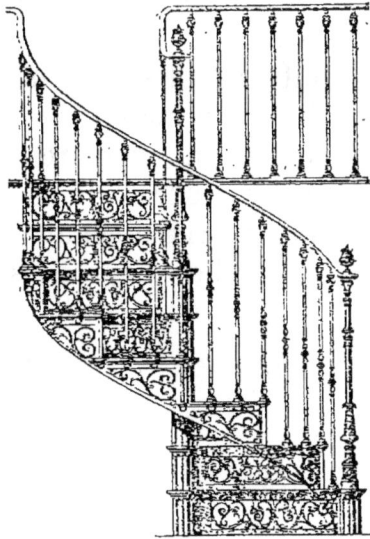

Fig. 127 et 128.

La figure 122 montre le dispositif de marches en fonte s'assemblant par des boulons *ab*.

Les figures 127 et 128 montrent deux escaliers en fonte des fonderies du Val d'Osne.

L'un est un escalier droit avec palier de repos ; les marches et contre-marches sont ajourées pour diminuer le poids ; l'autre est un escalier tournant avec partie droite.

La figure 123 est un escalier en escargot.

Dans les escaliers tournants ou en escargot, les marches s'emboîtent les unes dans les autres par leur *noyau* central qui est percé d'un trou dans lequel on passe une barre ou un tube de fer du haut en bas pour augmenter la solidité de l'assemblage.

La figure 126 montre une marche de ces escaliers. Les marches d'escaliers en fonte sont recouvertes de *plaques striées* ou à *damiers* pour empêcher le glissement (fig. 124 et 125).

Les marches des escaliers en fonte ont de 60 centimètres à 1 m. 18 de longueur et de 16 à 19 centimètres de hauteur ; elles coûtent 50 francs les 100 kilos, soit de 8 francs la marche pour les escaliers de 0 m. 60 de large à 30 francs la marche pour ceux de 1 m. 18, *montage en sus*, les frais de montage étant à peu près équivalents au prix d'achat des marches. Voici le tarif de ces marches d'après les usines du Val d'Osne :

Escaliers droits et tournants non montés.

				Prix des 100 kilos	
Droit. Chaque marche ...	0,195 — 0,640	20 kilos.		50	»
— — — ...	0,195 — 0,650	22	—	50	»
Marche de départ	0,195 — 0,650	28	—	70	»
Droit. Chaque marche....	0,160 — 0,780	28	—	50	»
— —	0,160 — 0,900	29	—	50	»
Tournant —	0,190 — 0,720	25	—	50	»
Marche de départ	0,190 — 0,720	32	—	70	»

CHAPITRE X

PERRONS

Les *perrons* sont des escaliers extérieurs donnant accès à un rez-de-chaussée plus ou moins surélevé au-dessus du sol.

Les perrons sont quelquefois à découvert, mais, le plus souvent, on les abrite de la pluie au moyen d'un auvent ou *marquise* (voir volume VIII, page 73, fig. 245 et page 74, fig. 251).

D'autres fois une *verandah* permet de les transformer à volonté en jardins d'hiver.

Les perrons, étant exposés aux intempéries, se font généralement en matériaux imputrescibles tels que la pierre, le marbre, le fer peint ou la fonte ; cependant on les fait aussi en bois, pour les constructions à bon marché. En ce cas, le bois doit être préservé du contact de la terre par une fondation en maçonnerie et il faut le peindre au *carbonyle* ou avec tout autre enduit susceptible d'empêcher sa pourriture rapide. Ces perrons en bois sont de simples escaliers droits à 4 ou 5 marches avec ou sans palier (voir le chap. IV).

Notre gravure 129 représente un perron en pierres à trois faces sans limon, les marches se supportent l'une l'autre avec remplissage en maçonnerie ou avec un vide intérieur.

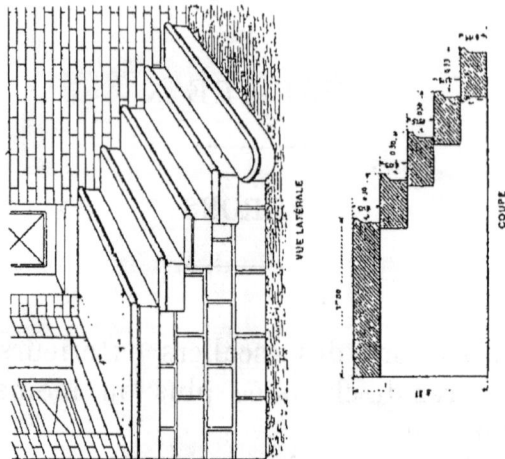

PERRON DE COTÉ, SANS LIMONS

4 marches de $1 \times 0^m30 \times 0^m175$ et un palier de $1^m \times 1^m \times 0^m17$.

VUE LATÉRALE

COUPE

Fig. 130.

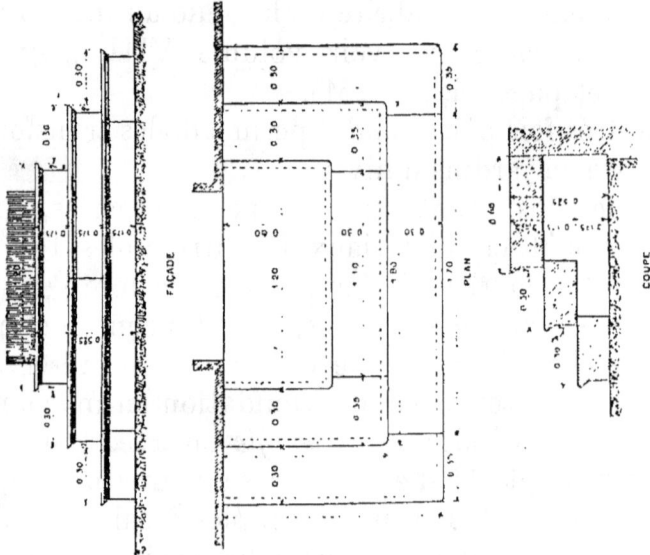

PERRON A TROIS FACES SANS LIMONS

FACADE

PLAN

COUPE

Fig. 129.

PERRON A LIMONS A VOLUTES

3 marches et un palier astragalés

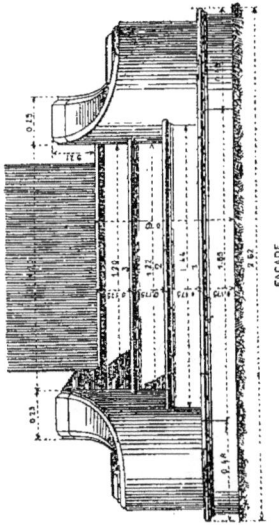

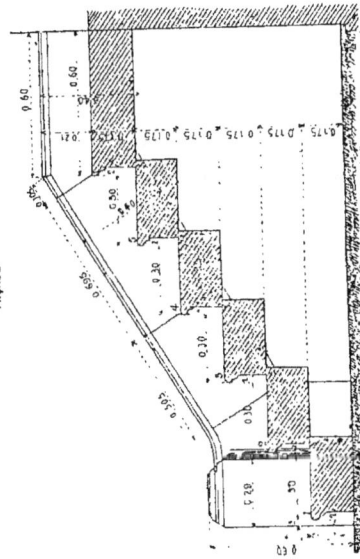

FAÇADE

COUPE

Fig. 132.

PERRON A LIMONS DROITS AVEC RESSAUT

5 marches et un palier astragalés

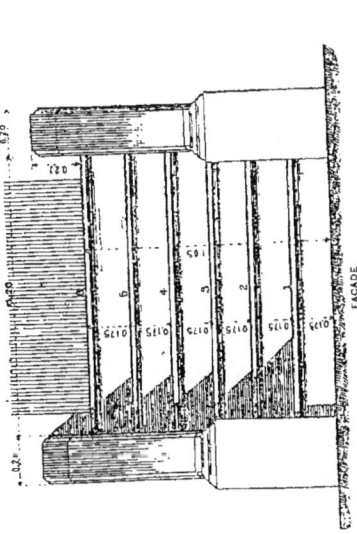

FAÇADE

Fig. 131.

La figure 130 montre un perron sans limon. les marches étant soutenues de chaque côté par des *murs d'échiffre*.

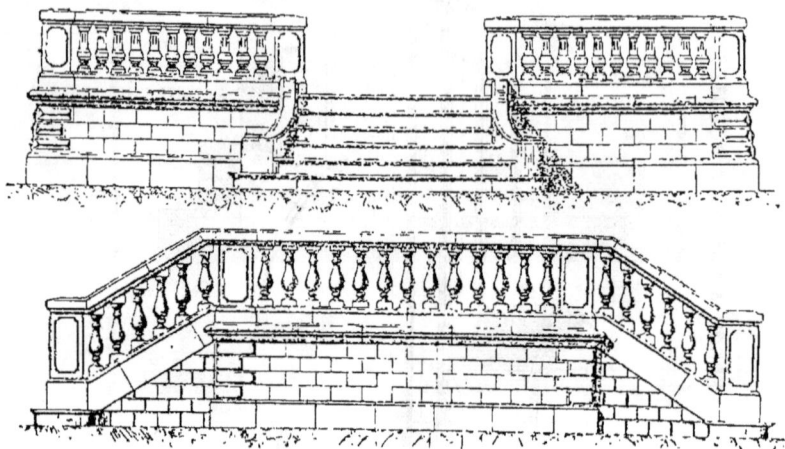

Fig. 133 et 134.

Les figures 131 et 132 sont des perrons à limons en pierres de taille ou en imitation de pierres taillées.

La figure 133 montre un perron à balustrades à rampe centrale, donnant accès à un large palier : enfin la figure 134 est un perron à deux rampes d'accès avec palier.

Les perrons en pierre peuvent être munis de rampes d'appui en fer ou en fonte, comme le montre la figure.

Les perrons en fer ou en fonte sont meilleur marché que ceux en pierre. Nos gravures 90 et 91 montrent des escaliers droits en fonte qui peuvent servir de perrons ; la figure 135 ci-contre est un perron en tôle d'acier découpé, avec marches en tôle striée et contre-marches à jour.

Quand le perron occupe une certaine surface, on peut utiliser le dessous du perron pour en faire une

niche à chien, une resserre d'outils de jardinage ou une
ventilation de caves ; en ce dernier cas, on pratique
dans le mur d'échiffre du perron un soupirail, comme
le montre la figure 136.

Fig. 135 et 136.

Fig. 137.

On peut remplacer le mur d'échiffre, soutenant les
marches du perron, par un arc de cintre en pierres ou
en briques, comme on en voit un exemple figure 137.

Le prix des perrons varie considérablement avec le

mode de construction et de décoration ; les plus ordinaires en maçonnerie, coûtent 18 à 25 francs la marche ; ceux en fonte droits, des plus simples modèles, coûtent 12 à 15 francs la marche.

Dans les perrons à paliers, le palier doit avoir au moins deux fois la largeur des marches, c'est-à-dire 60 centimètres de largeur, au minimum.

Les perrons à bon marché se peuvent faire aussi en briques ou en maçonneries enduites de ciment ; les modèles que nous donnons ci-dessus sont empruntés à M. Larmanjat-Grajon pour la pierre de taille, aux fonderies du Val d'Osne et aux usines Pantz pour le fer et la fonte.

Les figures 26 à 38 montrent les diverses formes des marches, paliers et soupiraux de cave applicables à la construction des perrons en pierre.

CHAPITRE XI

RAMPES OU MAINS COURANTES

(Voir à ce sujet le volume VIII, page 69.)

Le long des murs de la cage de l'escalier, on pose une *main courante*, qui est généralement formée d'une rampe en bois verni vissée sur une bande de fer plat fixée elle-même sur des supports en fer scellés dans le mur, comme le montre la figure 138.

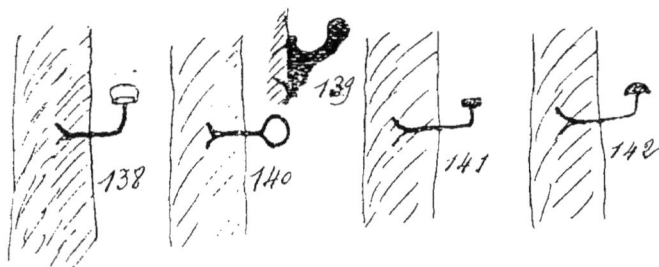

Fig. 138 à 142.

Quelquefois la main courante est constituée par une cordelière en laine tressée ou en velours appliquée sur un gros cordage de chanvre et passée dans des anneaux en cuivre supportés par des ferrures scellées dans le mur, comme le montre la figure 140.

Dans les escaliers de service ou dans ceux des anciennes maisons, la cordelière ci-dessus est remplacée par une corde en chanvre et la main courante en bois verni par un simple fer plat vissé sur les supports

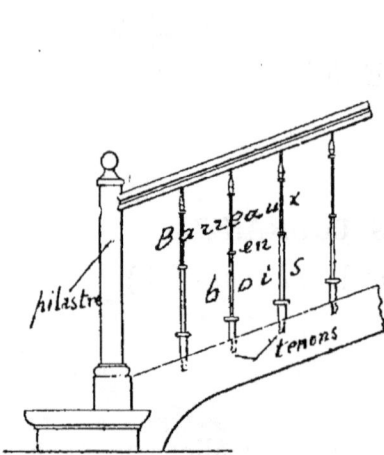

Fig. 143.

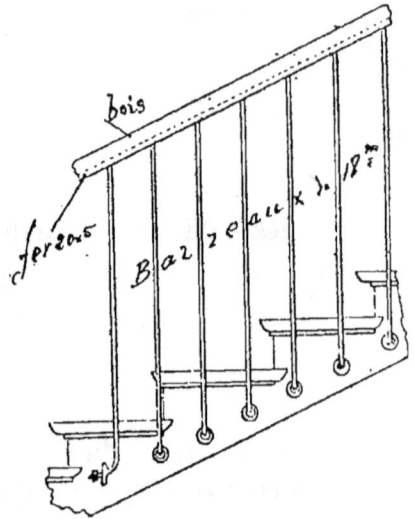

Fig. 144.

(fig. 141 et 142), scellés au mur, ou même par une grosse moulure ou demi-rond en bois clouée dans le mur (fig. 139).

La *rampe-balustrade* ou *garde-fou*, se fixe au-dessus du limon et des paliers ; elle suit du bas en haut tout le contour du *jour* de l'escalier. La rampe se compose des *barreaux* fixés dans le limon, et de la *main courante* fixée sur les barreaux.

En bas, au départ de la rampe se trouve un premier barreau, plus fort que les autres, appelé *pilier* ou *pilastre de départ*. Dans les escaliers *rompus* en paliers, on met souvent un pilastre ou poteau à chaque angle des paliers et des volées, comme on le voit dans la figure 60.

Dans les escaliers à limons en bois, on emploie des barreaux de rampe en bois carré ou en bois tourné.

encastrés à tenons dans le limon, comme le montre la figure 143, ou bien des rampes faites en bois découpé (voir volume VII, page 98) mais surtout des barreaux en fer rond de 18 millimètres de diamètre courbés en bas et recouverts d'une barre de fer plat de 20 × 5 maintenue sur les barreaux avec des vis métaux à tête

Fig. 144 *bis.*

fraisée. C'est sur cette barre de fer que se visse la main courante en bois (fig. 144) ou en fer profilé (fig. 165 à 167). Ces barreaux sont boulonnés dans le limon. On les agrémente quelquefois de moulages en zinc (voir vol. VIII, page 30).

On emploie les barreaux et les panneaux en fonte ornementée pour constituer les rampes des escaliers à limons en bois, notre gravure 161 en montre un exemple.

Enfin, dans les escaliers luxueux, en bois, on fait des *rampes à balustres* ; les balustres sont des colonnettes en bois sculpté ou tourné couronnées d'une main courante large et épaisse. Nos gravures 60 et

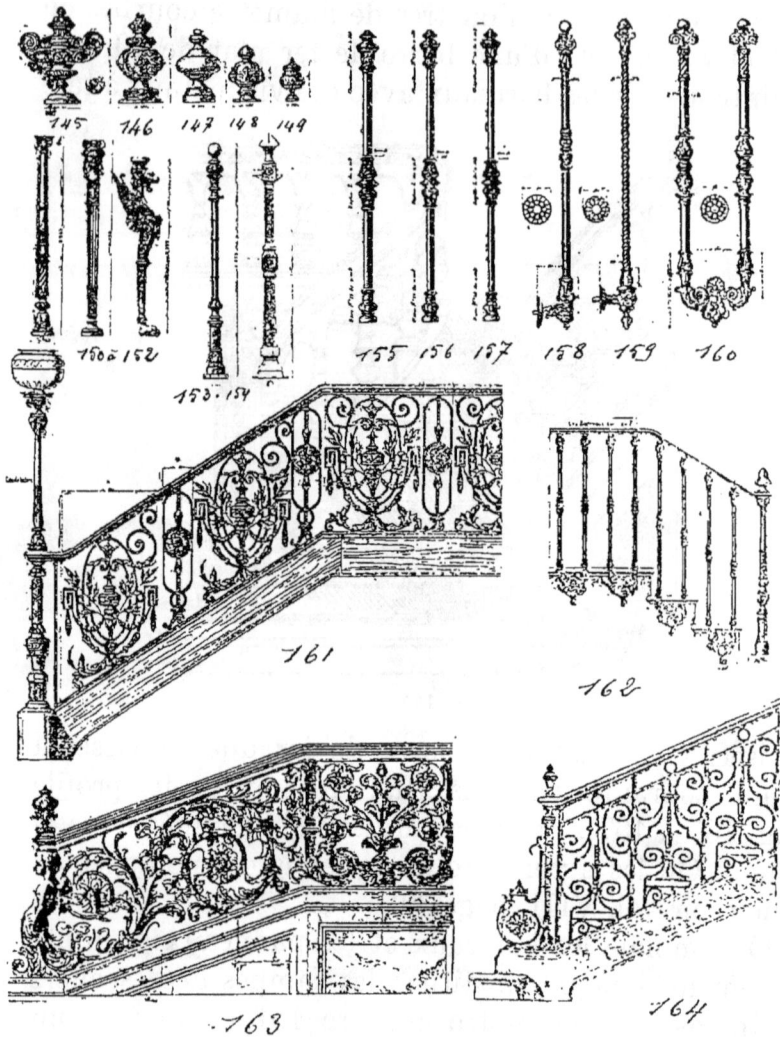

Fig. 145 à 164.

144 *bis* montrent des escaliers avec rampes à balustres.

Les rampes des escaliers à limons en fer se font généralement avec barreaux en fer forgé ou en fonte ou en panneaux de fonte comme on en voit des exemples sur nos gravures du chapitre VI.

Les rampes des escaliers en pierre se font en fonte (fig. 162 et 164) ou en balustres de pierre (fig. 174 et 175) ou encore en balustrades de pierre ajourée (fig. 176).

Les figures 165 à 167 montrent des coupes de mains courantes en pierre et les figures 168 à 173 des balustres en pierre ; les prix indiqués sont ceux des balustres en pierre reconstituées par M. Larmanjat-Grajon.

Les balustres et balustrades en pierre se font économiquement avec des pierres artificielles ou des poteries moulées donnant une parfaite illusion du luxe de la balustrade en pierre taillée.

Les pilastres de départ des rampes sont susceptibles de recevoir toutes sortes de décorations ou sculptures ; souvent on les surmonte d'un candélabre comme le montre la figure 161.

La hauteur de la rampe, du nez de la marche jusqu'au-dessus de la main-courante est de 0 m. 90 à 1 mètre.

Dans les escaliers luxueux, on pose une main-courante le long du mur de la cage et une rampe ou garde-fou tout le long des limons, de manière que les personnes peuvent s'appuyer des deux côtés de l'escalier.

Nos gravures ci-contre font voir quelques fontes pour escaliers, des fonderies du Val d'Osne.

Fig. 145 à 149.— Pommes ou couronnements de pilastres.

Fig. 150 à 154. — Pilastres des départs de rampes.

Fig. 155 à 160. — Barreaux de rampes avec ou sans boulons de fixation au limon.

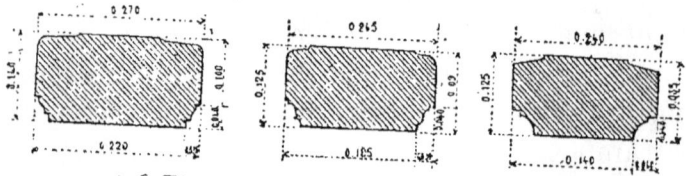

165   à   167

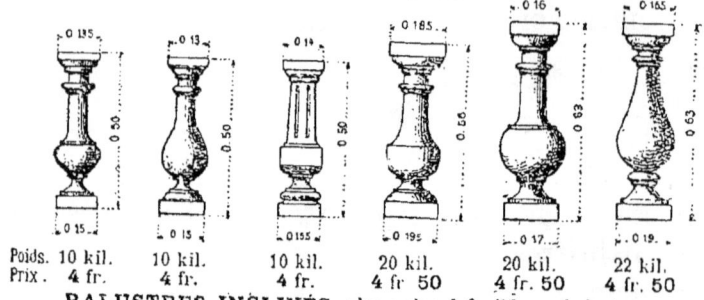

| Poids. | 10 kil. | 10 kil. | 10 kil. | 20 kil. | 20 kil. | 22 kil. |
| Prix. | 4 fr. | 4 fr. | 4 fr. | 4 fr 50 | 4 fr 50 | 4 fr 50 |

BALUSTRES INCLINÉS, plus-value 0 fr. 50 par balustre.

168   à   173

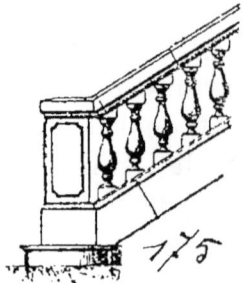

174

175

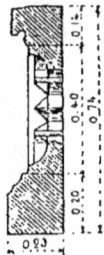

176

Fig. 165 à 176.

CHAPITRE XII

ASCENSEURS

Le prix élevé du terrain à bâtir dans les grandes villes a conduit, naturellement, à l'augmentation du nombre des étages des immeubles de rapport. Il y a maintenant à Paris nombre de maisons de sept étages surmontées quelquefois d'un véritable jardin sur la toiture.

Or, les étages les plus élevés ne sont pas les moins agréables et se louent à peu près aussi cher que les autres, à condition que l'ascenseur en donne l'accès facile et rapide.

L'ascenseur est donc l'organe essentiel de nos maisons à loyers modernes.

Un ascenseur se compose d'une *cabine* dans laquelle prennent place les passagers ; des *guidages* ou rails verticaux entre lesquels se déplace la cabine, ces guidages étant fixés aux parois de la *cage de l'ascenseur* ; d'un mécanisme *moteur élévatoire et descenseur* ; enfin d'*appareils de manœuvre* et de *sécurité*.

Les premiers ascenseurs furent exposés en 1867 par M. Léon Edoux.

7

On les installe généralement dans la cage ou jour de l'escalier de façon que la porte de la cabine s'ouvre directement sur les paliers d'étages.

En ce cas, les rails de guidage sont fixés aux limons et aux poutres palières de l'escalier.

La cabine de l'ascenseur doit pouvoir contenir au moins deux personnes, ce qui demande pour la cage de l'ascenseur *au moins* 0 m. 80 × 1 m. 50.

Certains ascenseurs sont établis dans une cage située latéralement à la cage de l'escalier avec laquelle ils communiquent par des portes à chaque palier. Cette disposition est préférée dans les immeubles luxueux, afin que l'ascenseur ne dépare pas la cage de l'escalier.

Divers genres d'ascenseurs. — On peut diviser les ascenseurs en deux catégories principales :

Ascenseurs à puits ;

Ascenseurs sans puits.

L'ascenseur *à puits*, à pression d'eau de la ville, est le plus ancien. Il est constitué par un tubage cylindrique enfoncé dans un puits creusé dans le sol des caves et dont la profondeur est égale à la hauteur totale d'élévation de la cabine, soit généralement 12 à 15 mètres.

Ce tubage est fermé par en bas et reçoit la tige *de l'ascenseur*, qui est un *piston* métallique creux passant dans un *presse-étoupes* formant joint entre le haut du tubage et le piston.

L'eau de la ville est admise dans le tubage et fait monter le piston. Pour la descente, cette eau s'écoule à l'égout. La manœuvre se fait par une corde qui court du haut en bas de la cage ; en tirant cette corde dans un sens ou dans l'autre, on provoque la montée ou la descente de la cabine.

Ce système dépense beaucoup d'eau, mais il est très sûr et son prix d'installation est peu élevé, car sa partie mécanique est très simple. Il faut que l'eau ait une pression en rapport avec la hauteur d'élévation de l'ascenseur.

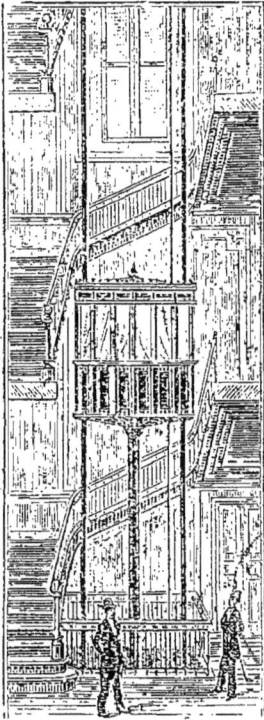
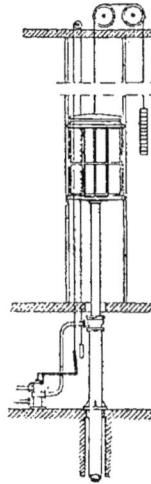
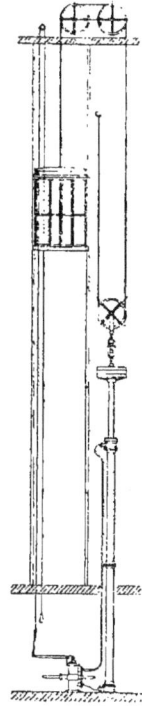

Fig. 177.   Fig. 178.   Fig. 179.

La figure 177 montre un ascenseur à puits.

Dans le système que nous venons de décrire, l'eau doit élever le poids de l'ascenseur, le poids du piston et le poids des voyageurs ; afin d'économiser l'eau, on a imaginé *d'équilibrer*, par un système mécanique approprié, *le poids mort* de la cabine et du piston, de façon que la dépense d'eau soit limitée à l'élévation du poids des voyageurs.

Le système d'*équilibrage* le plus simple consiste en un *contrepoids* attaché à un câble d'acier ou chaîne passant sur des poulies en haut de la cage, comme le montre la figure 178. Le poids de la chaîne ou du câble s'ajoute ou se retranche au contrepoids pour venir équilibrer la portion du cylindre inférieur immergé ou émergé, selon la position de la cabine.

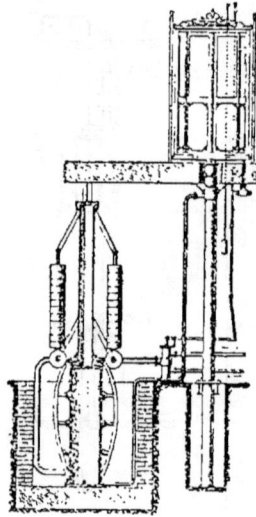

Fig. 180.

L'eau motrice est donc uniquement employée à élever les personnes.

Ce système réalise de la façon la plus parfaite l'équilibrage des poids morts; c'est donc le système le plus économique au point de vue de la consommation d'eau. Il présente la plus complète sécurité et peut être installé partout, soit dans les vides d'escaliers, soit dans une trémie spéciale. De tous les ascenseurs équilibrés et à puits, c'est celui qui coûte le moins cher.

M. Samain et M. Thomassi ont, les premiers, em-

ployé l'eau sous pression pour obtenir une compensa-
tion du poids mort des ascenseurs. Ici, le piston de la
cabine reçoit son eau d'une véritable *presse hydraulique* dont le plateau est surmonté d'un réservoir qui
reçoit une charge d'eau suffisante pour produire l'ascension de la cabine. Le volume d'eau compris entre
les deux pistons est invariable, de sorte que leurs
sections doivent être en raison inverse des hauteurs
parcourues par leurs extrémités ; on donne 2 mètres
de course au piston de la presse hydraulique et 20 mètres de course au piston de l'ascenseur, de sorte que le
poids d'eau à introduire dans le réservoir de la presse
doit être au moins dix fois plus considérable que le
poids à élever.

La figure 180 montre un ascenseur à puits de
M. Samain avec compensateur hydraulique muni de
contre-poids métalliques qui se déplacent verticalement et horizontalement, de façon à faire varier la
force d'équilibrage suivant que le piston de l'ascenseur est plus ou moins immergé. Ce compensateur est
dit : *à courbes régulatrices* (Samain).

M. Heurtebise emploie deux grosses chaînes tendues
par deux masses en fonte. La variation de poids du
piston de l'ascenseur est compensée exactement par
le déroulement dans un sens ou dans l'autre, suivant
la marche de la cabine de l'une de ces grosses chaînes ;
malgré l'exactitude de l'équilibrage, ce système est
peu employé, en raison de l'emplacement considérable
et des fouilles maçonnées profondes que nécessite son
installation.

Les *cylindres oscillants*, imaginés par le même constructeur, sont encore employés, bien qu'ils soient
encombrants et compliqués et ne donnent qu'un équilibrage imparfait ; ce sont deux cylindres placés de
chaque côté du compensateur et pouvant osciller

chacun autour d'un axe fixe, ils renferment tous deux un axe fixe et un piston plongeur relié au plateau par une articulation.

Lorsque l'ascenseur est à mi-course, et par suite aussi le compensateur, les cylindres oscillants sont horizontaux; à mesure que le plateau monte ou descend, les oscillants s'inclinent en haut ou en bas et communiquent au plateau une pression supplémentaire variable selon l'inclinaison.

M. Viennot emploie dans le même but de puissants *ressorts à lames métalliques*.

Pour éviter de creuser des puits profonds, M. Samain a imaginé des *pistons télescopiques*, constitués par 5 ou 6 tubes rentrant les uns dans les autres ; le cylindre qui sert de corps de pompe est ainsi réduit à la longueur d'un de ces tubes, soit 1/5 ou 1/6 de la hauteur de l'ascenseur.

Dans l'ascenseur Brackmann, la chute de la cabine est impossible. Il consiste en 4, 5 ou 8 montants supportant un rail développé en hélice et sur lequel repose par 4, 6 ou 8 roues ou gros galets, un chariot supportant la cabine. Ce système peut être commandé par un câble avec le moteur dans la cave ou par un moteur aménagé sur le chariot. La cabine ne tourne pas et, guidée sur deux faces, elle sert de point d'appui au chariot pour opérer l'ascension. Ce système s'établit sur le sol, sans puits.

Ascenseurs sans puits. — Dans ces ascenseurs, la cabine est suspendue à un ou plusieurs câbles auxquels on donne le mouvement au moyen d'un moteur quelconque placé dans la cave, ou au-dessus de la cage, soit verticalement, soit horizontalement.

Les moteurs hydrauliques employés pour les ascenseurs sans puits consomment environ un tiers de plus

d'eau, dans les mêmes conditions de force et de course,
que l'ascenseur à puits équilibré.

Il ne convient de ne l'employer que lorsque des raisons majeures s'opposent à ce qu'il soit foré un puits,
raisons motivées soit par la nécessité de la construction, soit par la nature des terrains. C'est ainsi que,
dans la plupart des grandes villes d'eau du centre de
la France, il est interdit de creuser des puits dans la
crainte que le régime des eaux minérales ne soit, de
ce fait, modifié.

Le système sans puits est employé en Amérique et
en Angleterre, sous le nom de système Otis.

Notre gravure 179 montre un ascenseur Samain
supporté par un *câble mouflé* et un contrepoids. Le
moteur hydraulique est un piston contenu dans un
cylindre parallèlement à la cage de l'ascenseur.

Les ascenseurs Otis ont un piston qui donne une
course de cabine 12 fois plus considérable que sa longueur. Ils se composent d'un cylindre moteur en fonte
qui est généralement vertical, mais peut occuper une
position quelconque ; dans ce cylindre est renfermé
un piston commandé par deux tiges jumelles qui,
traversant des presse-étoupes, se fixent à une barre
de fer assujettie à la chape d'une poulie mouflée.

Cette poulie mobile repose sur quatre câbles en fils
d'acier de 15 millimètres, solidement amarrés à la
charpente supérieure et qui, après avoir contourné la
poulie mobile, remontent sur une poulie fixe placée à
la partie supérieure et redescendent pour s'attacher
au bâti de la cabine.

Par suite du mouflage interposé entre le piston et
la cabine, le rapport de la course de cette dernière à
la longueur du piston peut varier de 1 à 2 et même
de 1 à 12.

Les *ascenseurs à câble* peuvent être mus par un mo-

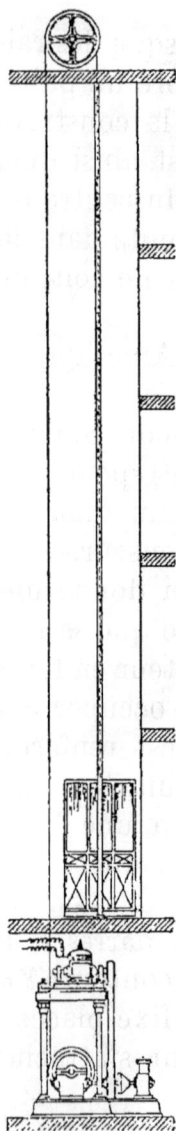

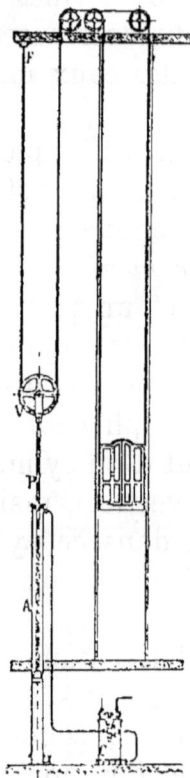

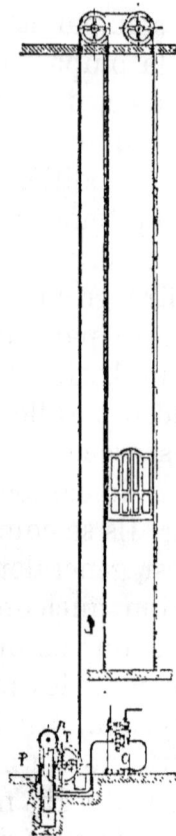

Fig. 181.   Fig. 182.   Fig. 183.

teur quelconque, à vapeur, à gaz, à air comprimé
hydraulique et, ce qui est le mieux et le plus moderne,
par un moteur électrique agissant sur un treuil placé
en bas ou en haut de la cage.

La figure 181 montre un ascenseur Edoux-Samain
pour courants continus, courants monophasés ou
courants polyphasés.

Les ascenseurs électriques peuvent être à traction
par *câbles centraux* ou à traction par *câbles latéraux*
courant le long des guidages et, par suite, presque
invisibles.

Ce mode de suspension latérale permet l'emploi
de cabines légères, sans traverse d'attache et sans toit.

Toutes les transmissions entre le moteur électrique
et le tambour d'enroulement du cable de ces ascenseurs électriques sont à *vis tangente irréversible*.

Les *freins*, à mâchoires d'acier, sont disposés pour
mordre sur les guidages en cas de rupture des câbles.

Les colonnes de *guidage* d'ascenseurs sont en acier
rond et poli, préférables aux guidages en bois.

Les ascenseurs électriques comportent un certain
nombre de variétés suivant la nature des courants
électriques, des vitesses et des puissances.

Ascenseurs aéro-hydrauliques. — Ce sont des ascenseurs à puits dans lesquels la pression est donnée à
l'eau par l'air comprimé fourni dans certaines villes,
Paris par exemple, par un service public.

La figure 182 montre un ascenseur Edoux-Samain,
à air comprimé (aéro-hydraulique), complètement
équilibré, sans puits, à câbles mouflés et moteur vertical.

Les câbles de traction sont en acier, ronds, et cou-
rent le long des guidages de manière à être peu visibles,
et à permettre des cabines sans traverse ni toit.

Un piston P mobile dans un cylindre A, reçoit sur

sa face supérieure l'eau sous pression du compresseur aéro-hydraulique C. En se mouvant vers le bas, il entraîne la poulie voyageuse V chargée des contre-poids qui équilibrent les poids morts. La traction de la cabine s'opère par deux câbles qui, partant de la cabine, viennent s'attacher au point fixe F après passage sur la poulie voyageuse V.

Des parachutes à mâchoires d'acier placés sous la cabine, mordent sur les guidages en cas de rupture des câbles.

Encombrement. — Les appareils moteurs occupent un emplacement vertical de 0 m. 75 × 0 m. 30 environ. La poulie voyageuse et le piston font une fraction de la course égale à la moitié, au tiers ou au quart de celle de la cabine.

La figure 183 est un ascenseur Samain à air comprimé (aéro-hydraulique), équilibré sans puits, à moteur hydraulique placé en caves et double parachute.

Le mouvement est donné aux câbles par leur enroulement sur un tambour dont le mouvement de rotation est obtenu par une chaîne Galle passant sur la poulie *p* d'une presse hydraulique P de disposition nouvelle. C'est sous cette presse qu'est chassée l'eau provenant du compresseur aéro-hydraulique C.

Des *parachutes* à mâchoires d'acier placés sous la cabine mordent sur les guidages en cas de rupture des câbles et rendent tout accident impossible.

Le treuil lui-même est pourvu d'un parachute spécial breveté destiné à bloquer tout mouvement de la cabine en cas de rupture de la chaîne Galle, liaison du tambour et de la presse.

Ces appareils, d'installation facile, sont de consommation réduite.

La figure 184 montre l'ascenseur à air comprimé (aéro-hydraulique) à puits, à équilibrage par compensateur, de M. Édoux-Samain.

Dans ce système, l'équilibrage des poids morts (cabine et piston) est obtenu par un compensateur dans lequel l'air et l'eau sont séparés matériellement.

Ce compensateur n'a que deux joints facilement accessibles et visitables ; le piston étant du type plongeur évite les fuites d'eau et procure un fonctionnement très doux.

Les contrepoids étant à l'intérieur du piston plongeur, l'encombrement est très faible et les travaux de maçonnerie sont réduits au minimum. Le joint du piston d'air est spécialement établi pour éviter toute déperdition d'air.

Les colonnes de guidage des cabines sont en acier rond et poli.

g Guidages.
P Piston porte-cabine.
C Cylindre fixe placé dans le puits, en acier ou en fonte.
G Cabine.
A partie du compensateur où agit l'air comprimé.
E Piston plongeur et contrepoids.
B Partie du compensateur où est l'eau en communication avec le cylindre de l'ascenseur.
D Distributeurs conjugués d'air et d'eau, type spécial.

Tout ascenseur hydraulique, à puits ou sans puits, peut être transformé en ascenseur à air comprimé, c'est-à-dire que l'ascenseur à air comprimé peut revêtir toutes les formes que nous avons étudiées plus haut, au chapitre spécial de l'hydraulique.

Supposons un ascenseur hydraulique de l'un des systèmes examinés plus haut ; pour le transformer en ascenseur à air comprimé, il suffira de lui adjoindre un récipient fermé, de capacité suffisante, dans lequel on fera arriver l'air comprimé. La pression de cet air se transmettra à l'eau et fera mouvoir l'as-

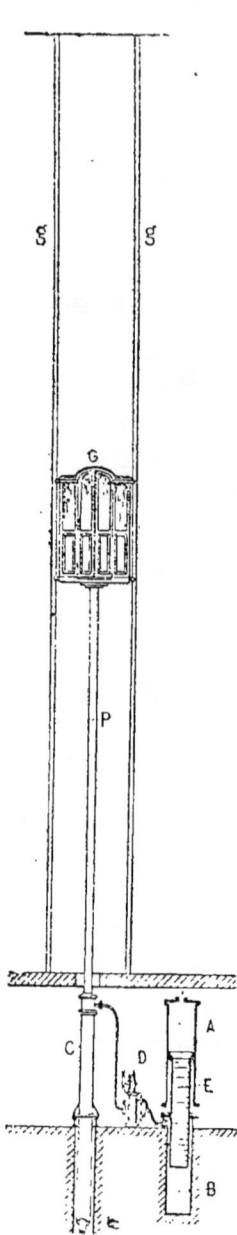

Fig. 184.

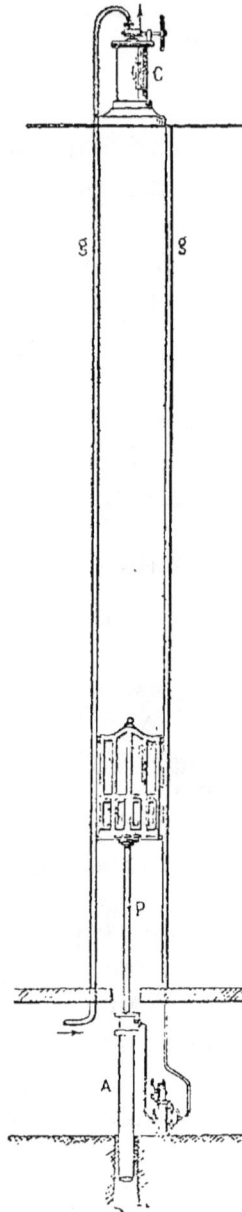

Fig. 185.

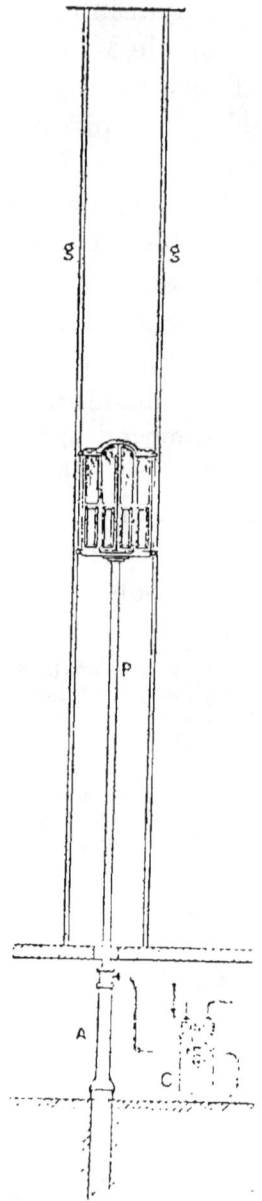

Fig. 186.

censeur ; de telle sorte que, sans rien changer à un
ascenseur ancien, on pourra, moyennant une très
faible dépense, le transformer en ascenseur à air comprimé et réaliser ainsi une économie de 33 p. 100 sur
la dépense annuelle de consommation d'eau. Cette

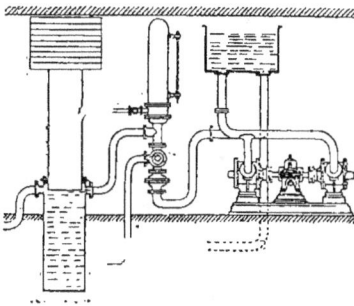

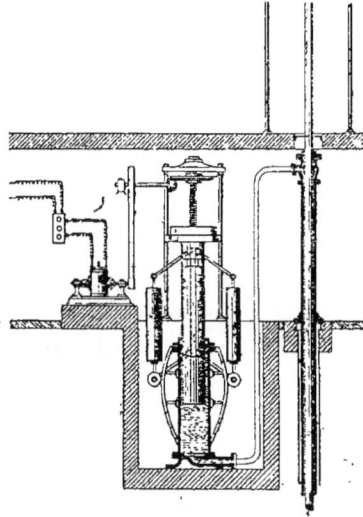

Fig. 187.   Fig. 188.

transformation laisse à l'ascenseur sa sécurité telle
qu'elle existait auparavant, et ne modifie en rien ni
son aspect intérieur ni son fonctionnement.

L'application de l'air comprimé aux ascenseurs date
de 1889.

Pour un ascenseur qui fonctionne peu, le taux de
l'intérêt de la transformation serait supérieur à l'économie réalisée, mais pour un ascenseur de maison de
rapport faisant 20 ou 30 voyages par jour, l'économie
annuelle est d'au moins 200 ou 300 francs, ce qui
représente un capital de 5.000 à 6.000 francs, alors que
la transformation coûte de 1.000 à 1.500 francs. Il y
a donc, dans ce cas, qui est le plus répandu, un très

grand intérêt à employer l'air comprimé plutôt que l'eau.

La figure 185 montre l'ascenseur Samain à air comprimé (aéro-hydraulique), à puits, équilibrage par colonne hydrostatique.

Dans ce système, le compresseur plein d'eau C, placé au sommet de l'immeuble, reçoit l'air comprimé par sa partie supérieure, et sa base communique par l'un des guidages gg, disposé spécialement pour être en communication avec le cylindre A de l'ascenseur.

De la position du compresseur au sommet de l'immeuble résulte sur le piston P une pression hydrostatique qui *équilibre* les poids morts de la cabine et du piston.

Pas de masses en mouvement.

Pas de contrepoids métalliques.

Un seul joint étanche, celui du piston porte-cabine P.

Encombrement très réduit au sommet.

Poids des appareils, environ 1.000 kilos.

Ce type d'ascenseur permet de réaliser des installations très économiques et de toute sécurité, pour des ascenseurs à puits sans câbles ni contrepoids ni compensateurs.

La figure 186 montre l'ascenseur à air comprimé (aéro-hydraulique) à puits, dit « par pression directe » avec ou sans équilibrage (Samain).

Un compresseur aéro-hydraulique C de construction particulière placé en caves envoie directement l'eau en pression sous le piston porte-cabine, après lui avoir fait traverser distributeur et organes de sécurité.

L'équilibrage des poids morts peut être obtenu par le moyen de câbles et de contrepoids en élévation. Quand ce moyen n'est pas adopté, les poids morts sont balancés par un excès suffisant de l'effort moteur calculé en conséquence.

Ascenseurs hydro-électriques. — L'emploi d'un moteur électrique actionnant des pompes à eau donne l'ascenseur *hydro-électrique*. La figure 187 montre une installation hydro-électrique (système Samain), commandant un groupe d'ascenseurs et de monte-charges dans un même immeuble.

Le moteur électrique peut aussi être employé à actionner un compensateur dans lequel l'effort du moteur fait varier la pression de l'eau selon les besoins de montée ou de descente de la cabine. Tel est l'ascenseur *à compensateur hydro-é'ec'rique* à vis de pression, avec ou sans courbes régulatrices (système Samain), que représente notre figure 188.

Dispositifs de sécurité. — Les constructeurs d'ascenseurs ont cherché à équiper leurs appareils de façon qu'aucun accident ne soit possible même en cas d'inexpérience ou d'imprudence des personnes qui s'en servent. Par exemple, la mise en marche de l'ascenseur ne peut se faire que lorsque les portes de la cabine et toutes les portes palières sont fermées ; si une porte s'ouvre pendant la marche de l'ascenseur, celui-ci s'arrête immédiatement.

A cet effet, on emploie une commande faite électriquement, par la manœuvre de boutons ou poussoirs. Dans ce système dit *à blocage* :

1º Un seul bouton électrique commande le mouvement et l'arrêt à l'étage.

2º Un mouvement étant en voie d'exécution, l'arrêt seul peut être obtenu par le voyageur, aucune nouvelle manœuvre ne pouvant être commandée avant exécution intégrale de celle qui s'exécute.

3º L'ouverture d'une porte, l'ascenseur étant en marche, occasionne aussitôt son arrêt. L'ascenseur demeure immobilisé jusqu'à ce que toutes les portes aient été complètement refermées. Il ne repart alors que sur nouvelle commande.

4º Des boutons d'appel peuvent être disposés aux portes-palières des étages pour permettre d'appeler l'ascenseur à ces étages. Toutefois, cet appel n'est possible que si l'ascenseur n'est pas déjà en manœuvre, et lorsque toutes les portes sont exactement fermées.

Les ascenseurs sont pourvus de condamnations empêchant la mise en marche quand une porte-palière se trouve ouverte, ou même entr'ouverte.

Avec les manœuvres à boutons, un dispositif spécial empêche toute inversion du sens de marche du fait des personnes qui, attendant l'ascenseur, agiraient sur les boutons des portes-palières. Aucune mise en marche ne peut être commandée pendant l'entrée ou la sortie des voyageurs.

Les « manœuvres à blocage » immobilisent l'ascenseur dès qu'une porte s'entr'ouvre.

Tous les ascenseurs comportent des « serrures de condamnation » rendant impossible l'ouverture des portes-palières quand la cabine n'est pas arrêtée en face de la porte que l'on veut ouvrir.

Certains ascenseurs comportent un dispositif spécial empêchant la porte-palière du rez-de-chaussée de se refermer en l'absence de la cabine. De cette façon, l'accès sous l'ascenseur n'est plus dangereux, celui-ci ne pouvant être mis en marche puisque la porte-palière n'a pas pu se fermer (*Edoux-Samain*).

Certains ascenseurs ont, dans leur cabine, un bouton d'appel correspondant avec une sonnerie dans la loge du concierge.

Les dispositifs de commande électrique sont constitués par des petits moteurs électriques (servo-moteurs), mettant en mouvement les vannes d'eau ou d'air ou les rhéostats de démarrage des moteurs de charge. Ces dispositifs varient infiniment selon les constructeurs.

Manœuvre à corde. — Les mouvements de « montée » et de « descente » sont commandés au moyen d'un câble de tirage, garni, facile à saisir, doux à manier. Des verrous à pousser correspondent aux étages.

Double manœuvre à corde et à boutons. — Des boutons électriques « montée » et « descente » commandent la mise en marche. Un verrou d'étage commande l'arrêt à l'étage. Le câble de manœuvre est conservé pour servir de « manœuvre auxiliaire ».

Vitesse des ascenseurs. — Selon le service auquel ils sont destinés et aussi selon qu'ils doivent être manœuvrés par des particuliers ou par des employés spéciaux, les ascenseurs peuvent avoir des vitesses variant généralement de 0 m. 30 à 0 m. 60 à la seconde, mais atteignant au besoin 1 m. 50 et même 2 mètres par seconde pour des services intensifs.

Freins et parachutes. — Les ascenseurs à piston inférieur n'ont généralement pas besoin de freins de descente ni de parachutes ; en effet, il faudrait supposer que le cylindre contenant l'eau éclatât, pour que l'ascenseur descendît à une vitesse anormale. Autrement l'ascenseur ne peut descendre que lentement, au fur et à mesure que l'eau du cylindre s'écoule.

Au contraire, les *ascenseurs suspendus* sont toujours munis de freins de descente ou parachutes analogues aux parachutes des puits de mine ; il y a en effet ici, une possibilité de rupture du câble qui supporte la cabine.

La figure 189 montre un de ces parachutes dit à *coins de sûreté*. Deux câbles de suspension sont fixés à la cabine par l'intermédiaire d'uue pièce RR' oscillant autour de l'axe C. Ces cables sont attachés aux

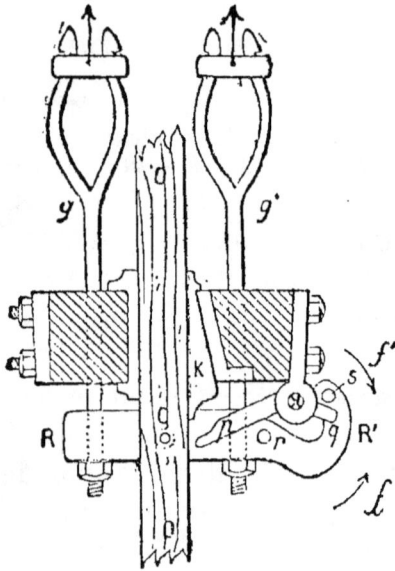

Fig. 189.

étriers gg'. Si l'un des câbles se rompt, la pièce RR' bascule et l'un des taquets *r* ou *z* vient buter sur un levier oscillant *p*, qui détermine le serrage du coin K contre le guidage OO, où le levier *p* vient ensuite se gripper.

Prix des ascenseurs. — 8 à 10.000 francs pour une hauteur de 20 mètres correspondant à cinq étages d'une maison de rapport. Ce prix est variable selon le système choisi et aussi la disposition des locaux.

Monte-escaliers. — On voyait à l'Exposition de 1889

un appareil dû à M. Amiot et appelé *monte-escaliers* ; il est constitué par deux rails fixés aux barreaux verticaux de la rampe de l'escalier ; sur ces rails glisse une sorte de chariot muni d'une sellette ou siège sur lequel le voyageur se place debout ou assis. Un câble mû électriquement actionne le chariot qui gravit ainsi successivement tous les étages. Nous signalons pour mémoire cette invention originale qui ne paraît pas avoir eu grand succès ; on en voit un dessin dans le *Dictionnaire Lami*, 1.er supplément, page 241.

Renseignements nécessaires à l'établissement d'un devis d'ascenseur. — 1º Course de l'appareil de l'arrêt inférieur à l'arrêt supérieur (en mètres) avec le nombre d'étages intermédiaires à desservir.

2º Puissance (charge maximum en kilos).

3º Vitesse demandée pour l'ascension. En général, les ascenseurs de maisons de rapport ont une vitesse de 0 m. 30 à 0 m. 50 par seconde.

4º Nature des emplacements (cage d'escalier ou trémie). Leurs dimensions. Emplacements possibles pour les appareils moteurs.

Joindre si possible les plans du bâtiment.

5º Type de manœuvre demandé.

6º Force motrice à utiliser : A. *Electricité*. Nature du courant : Continu ; Voltage. Alternatif ; Monophasé, diphasé ou triphasé ; Voltage ; Nombre de périodes. Joindre si possible le cahier des charges du secteur.

B. *Air comprimé*. Valeur de la pression en kilos.

C. *Eau*. Valeur de la pression (en kilos ou en mètres d'eau). Diamètre des canalisations.

Ascenseurs à bras ou à transmission mécanique. — Les figures 190 et 191 montrent deux petits ascenseurs construits par M. Cognet à Paris.

Le premier se manœuvre à bras d'homme, il est destiné à monter ou à descendre des personnes à un ou plusieurs étages. Il est employé dans les hôtels,

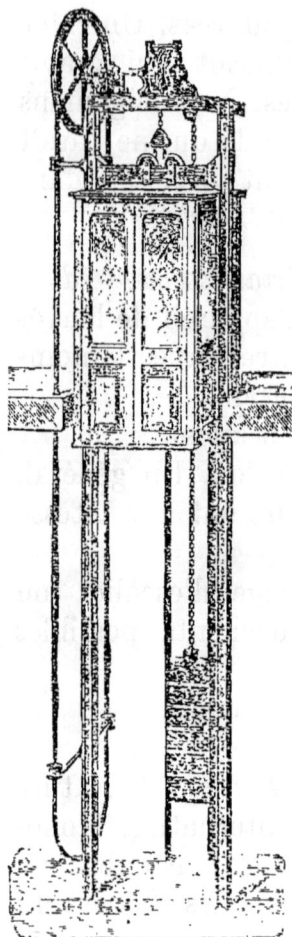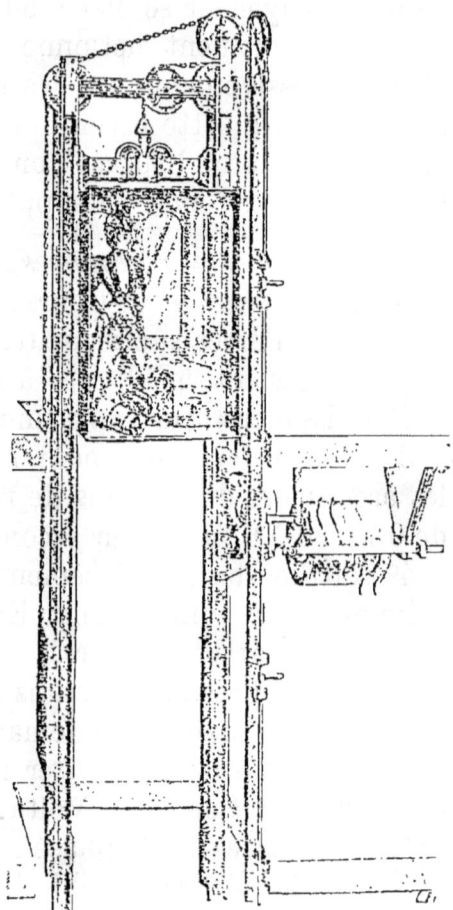

Fig. 190.   Fig. 191.

maisons bourgeoises et particulières et dans les châteaux. Sa manœuvre simple et commode est faite au moyen d'une corde sans fin avec frein à friction automatique et muni d'un parachute de sûreté, évitant les accidents par suite de rupture de chaine.

Le deuxième fonctionne avec une transmission d'atelier quelconque et est employé dans les usines ou maisons disposant d'une force motrice ; son fonctionnement est régulier et la disposition du débrayage automatique permet de le manœuvrer indistinctement de tous les étages et de le confier à la personne la plus inexpérimentée. Il peut monter des charges variant de 200 à 1.500 kilos, et plus, suivant la force motrice dont on dispose et les besoins du service.

Voici les prix jusqu'à 6 mètres de hauteur (non compris la transmission mécanique) :

De 200 kilos de force	1325 fr.	Chaque mètre en plus	50 fr.
De 400	—	1525	—	55 fr.
De 600	—	1650	—	60 fr.
De 800	—	1775	—	65 fr.
De 1000	—	2100	—	70 fr.
De 1500	—	2525	—	75 fr.

CHAPITRE XIII

MONTE-CHARGES

Les monte-charges sont de véritables ascenseurs, qui peuvent être de l'un des systèmes précédents, mais qui servent à monter des marchandises et non des personnes ; leur caisse n'est pas couverte.

La trémie doit permettre le passage de la caisse, et doit avoir les dimensions de cette dernière, plus 0 m. 07 en profondeur et 0 m. 20 en largeur. Une bonne dimension de caisse, 1 mètre sur 0 m. 75, donne lieu à une trémie de 1 m. 20 de largeur sur 0 m. 80 de profondeur.

Les monte-charges sont à corde sans fin ou à treuil, avec arrêts automatiques et frein.

On emploie aussi des monte-charges hydrauliques et électriques, avec ou sans puits, à piston ou à chaîne et contrepoids.

Nos gravures ci-après montrent divers spécimens de monte-charges, d'après M. Cognet, constructeur à Paris.

Figure 192. *Monte-lettres* ou *monte petits paquets*. —

Le guidage est fait par deux câbles tendus entre les supports inférieur et supérieur. Cet appareil coûte 150 à 200 francs pour plusieurs étages de hauteur.

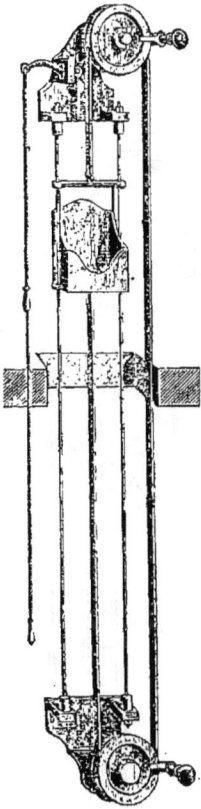
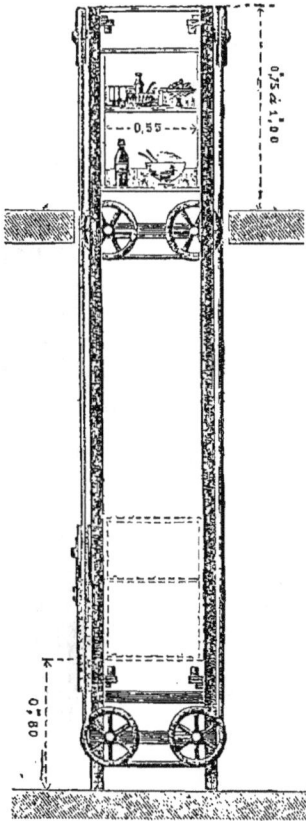
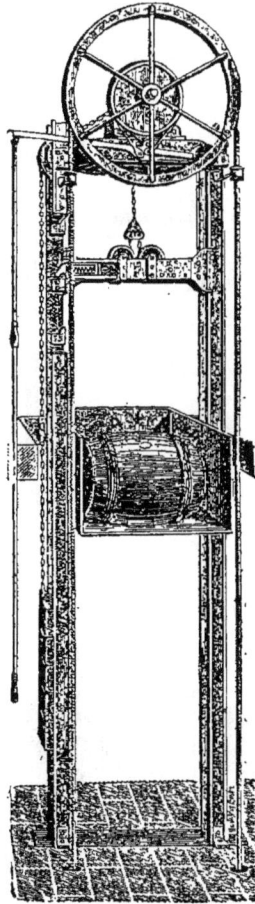

Fig. 192. Fig. 193. Fig. 194.

Figure 193. *Monte-plats* ou *monte-colis* à contrepoids équilibrant le poids mort de l'appareil, très employé entre les cuisines en sous-sol et les appartements ; se fait avec trémie 0 m. 72 × 0 m. 45 ou 0 m. 78 × 0 m. 50.

Prix environ 250 francs par 4 mètres. Chaque mètre en sus 17 francs.

Figure 194. *Monte-charge* mû par une corde sans fin avec grande poulie agissant sur une *noix* qu'entraîne la chaîne. Contre-poids équilibreur, arrêt auto-

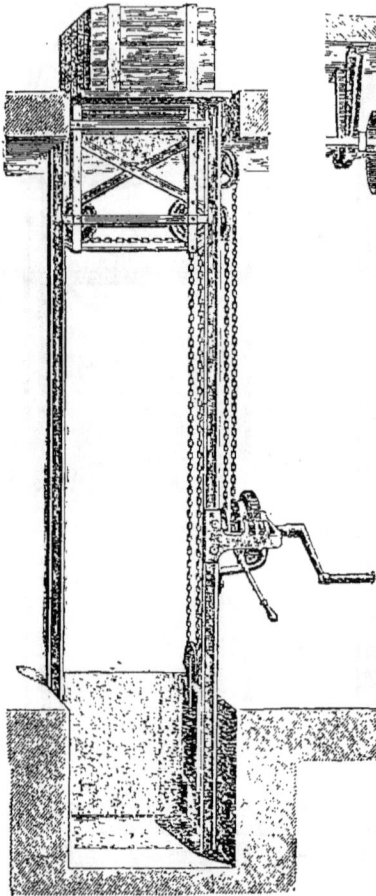

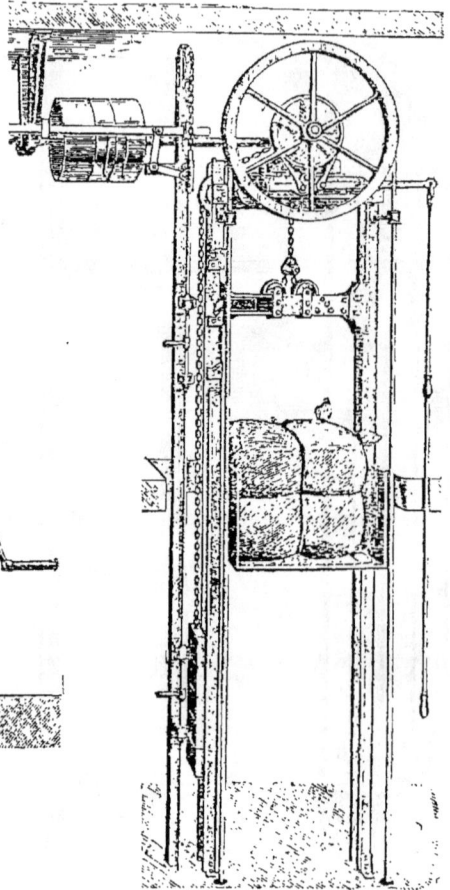

Fig. 195.　　　　　　　　Fig. 196.

matique, frein pour la descente. Se manœuvre de tous les étages et convient pour des charges au-dessous de 800 kilos.

Prix jusqu'à 6 mètres de hauteur totale.

De 50 kilos de force	360 fr.	Chaque mètre en plus	23 fr.
De 100 —	430	—	26 fr.
De 200 —	540	—	29 fr.
De 300 —	620	—	32 fr.
De 400 —	680	—	35 fr.
De 600 —	790	—	38 fr.
De 800 —	900	—	41 fr.

Pour les appareils se manœuvrant avec corde sans fin, il est nécessaire, comme il est indiqué au dessin, de faire établir devant le monte-charges une cuvette pour le passage de la corde, afin qu'elle ne gêne pas l'entrée et la sortie des marchandises (fig. 194).

Figure 195. *Monte-charge à treuil* et *manivelle* pour 800 à 1.200 kilos ; contrepoids équilibreur et frein à ruban pour descente rapide.

Prix jusqu'à 4 mètres de hauteur.

Pour 1000 kilos......	1100 fr.	Le mètre cube en plus.	50 fr.
Pour 1200 kilos......	1200	—	55 fr.

Figure 196. *Monte-charge mixte.* — Peut fonctionner à bras avec la corde sans fin ou au moyen d'une transmission d'atelier.

Prix jusqu'à 6 mètres de hauteur totale.

De 200 kilos de force	1800 fr.	Chaque mètre en plus	50 fr.
De 400 —	2000	—	55 fr.
De 600 —	2200	—	60 fr.
De 800 —	2400	—	65 fr.

CHAPITRE XIV

MONTE-VOITURES

Les monte-voitures sont surtout employés dans les garages d'automobiles ; ils se composent d'un plateau dont les dimensions peuvent atteindre 4 à 5 mètres de longueur sur 2 mètres environ de largeur, soutenu par quatre, six ou huit fortes chaînes ou câbles en acier qui passent sur des poulies de grand diamètre fixées au plafond de l'étage supérieur.

Ces chaînes supportent des *contrepoids* en fonte qui équilibrent exactement le poids du plateau.

Le moteur n'a donc qu'à enlever le poids de la voiture à la montée, ou à résister à ce poids à la descente.

Ce moteur est hydraulique, électrique, à air comprimé ou autre ; ce n'est quelquefois qu'un simple treuil à engrenages mû par un ou deux hommes. Dans certains monte-voitures, la descente se fait librement, sans l'action du moteur et sous la modération d'un puissant frein à ruban agissant sur un large tambour.

Nos gravures montrent un appareil à moteur aéro-hydraulique de M. Samain, un appareil à treuil supérieur de M. Jomain et un appareil à treuil inférieur de

M. Cognet à Paris. Voici, d'après M. Jomain les prix
des appareils avec treuil à bras :

```
Pour 1.000 kilos de force  ........    2.150 fr.
Pour 2.000      —      —    ........    2.900 fr.
Pour 3.000      —      —    ........    3.600 fr.
```

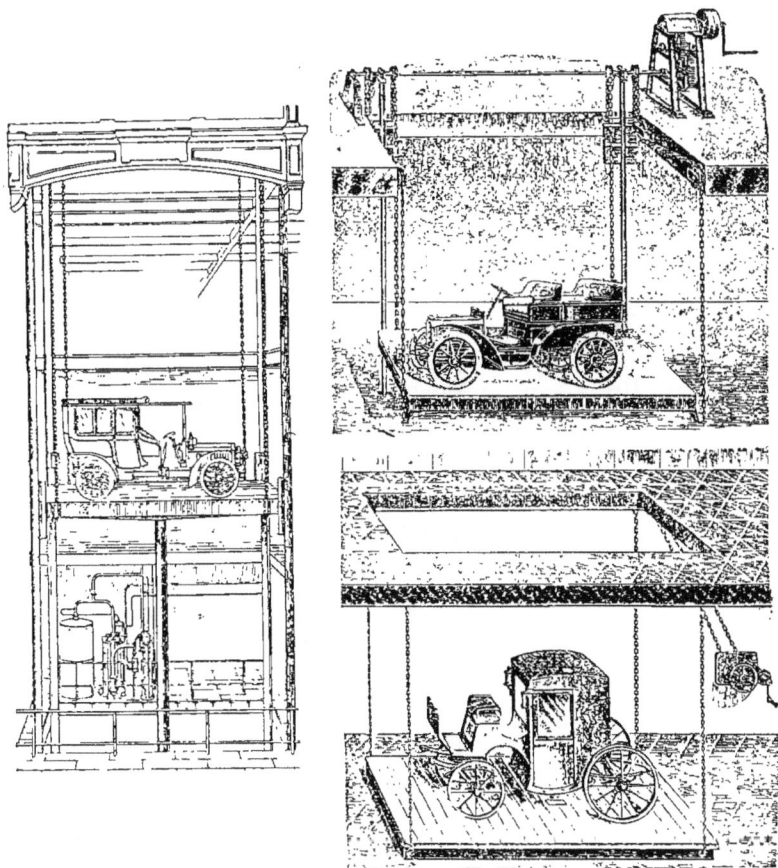

Fig. 197 à 199.

Les monte-voitures servent aussi à transporter
toutes sortes de marchandises volumineuses ou de
grandes dimensions.

CHAPITRE XV

TAPIS ROULANTS

Les *tapis roulants* ou *rampes mobiles* sont des transporteurs inclinés servant à monter les personnes ou les marchandises d'un étage à un autre.

Ils sont constitués par une large et épaisse courroie

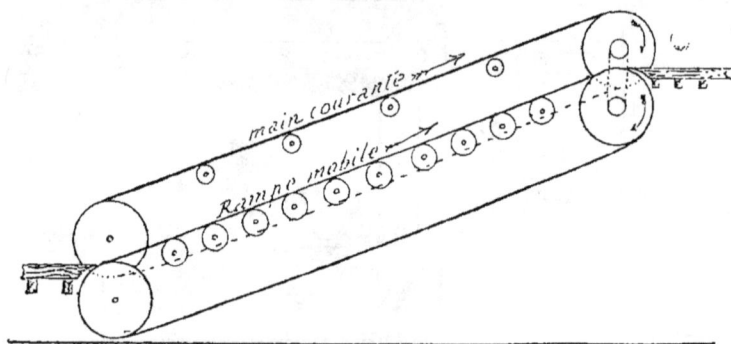

Fig. 200.

en coton tendue sur deux tambours dont l'un, celui du haut est mis en rotation continue par un moteur électrique ou une transmission mécanique appropriée.

Le croquis ci-dessus (fig. 200) fait comprendre ce mécanisme très simple : la courroie, sur laquelle se pla-

cent les personnes, est supportée, sur toute sa longueur
utile, par des rouleaux qui l'empêchent de fléchir sous
le poids des occupants. Deux *mains courantes*, mobiles
aussi, suivent le mouvement de la courroie, en offrant
un appui de chaque côté du chemin mobile.

Des *carters* ou protecteurs métalliques empêchent
le contact avec les courroies mobiles.

Quand les personnes arrivent en haut, elles sont
déposées sans secousse sur une sorte de bec tangent
avec la courroie et réuni au plancher de l'étage.

A Paris les rampes mobiles sont employées dans
beaucoup d'administrations et de grands magasins.

Voici les caractéristiques des rampes mobiles, système Hallé, construites par M. Piat fils et Cie pour les
magasins du Louvre :

Inclinaison 0 m. 33 par mètre, environ ; largeur
0 m. 60 à l'endroit où reposent les pieds et 0 m. 90
à la hauteur des mains courantes ; l'encombrement
total est de 1 mètre environ. La vitesse d'ascension
normale est de 0 m. 50 à 0 m. 55 par seconde ; la longueur développée pour franchir un étage de 6 mètres de
de hauteur, étant de 18 mètres, il faut 30 à 35 secondes
pour effectuer le trajet.

Sur ces 18 mètres de courroie mobile, 18 à 30 personnes peuvent se trouver à la fois ; le débit à l'heure
peut donc atteindre 3.000 à 3.500 personnes et ce
chiffre a été pratiquement atteint.

Les rampes mobiles Hallé fonctionnent depuis
nombre d'années sans avoir jamais occasionné le
moindre accident.

(Bibl : *Piat*, élévateurs et transporteurs, Paris, 1912).

CHAPITRE XVI

ESCALIER ROULANT, SYSTÈME HOCQUART

L'escalier *Hocquart*, sur lequel les usines Abel Pifre à Paris nous ont communiqué d'intéressants documents, est un véritable escalier dont les marches métalliques surgissent du sol de l'étage inférieur en constituant un escalier *qui se déplace d'un bloc* et dont les marches, arrivées au plancher supérieur, disparaissent pour retourner en bas.

Pour l'apparition des marches et la montée du public, M. Hocquart prolonge le plancher fixe, au devant de l'escalier, par un petit plan légèrement incliné qui s'avance jusqu'au passage des marches, le voyageur acquiert ainsi une faible vitesse qui lui évite l'effet d'inertie lorsqu'il pose le pied sur l'escalier.

Les marches sont constituées par des éléments métalliques verticaux, parallèles les uns aux autres, de 24 millimètres d'épaisseur et écartés de 6 millimètres l'un de l'autre.

Le plancher supérieur est terminé du côté de l'escalier par une sorte de peigne dont les dents s'enga-

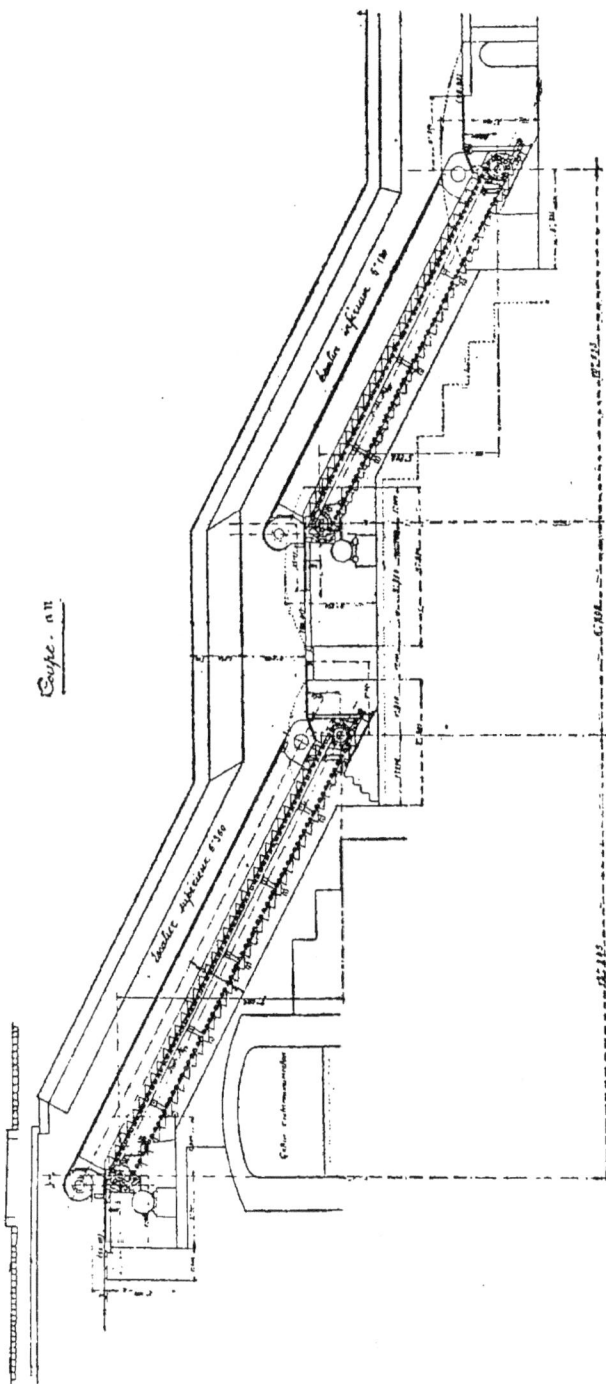

Fig. 201. — Ensemble de l'escalier Hocquart à deux étages à la station Pigalle, Métro Nord-Sud à Paris.

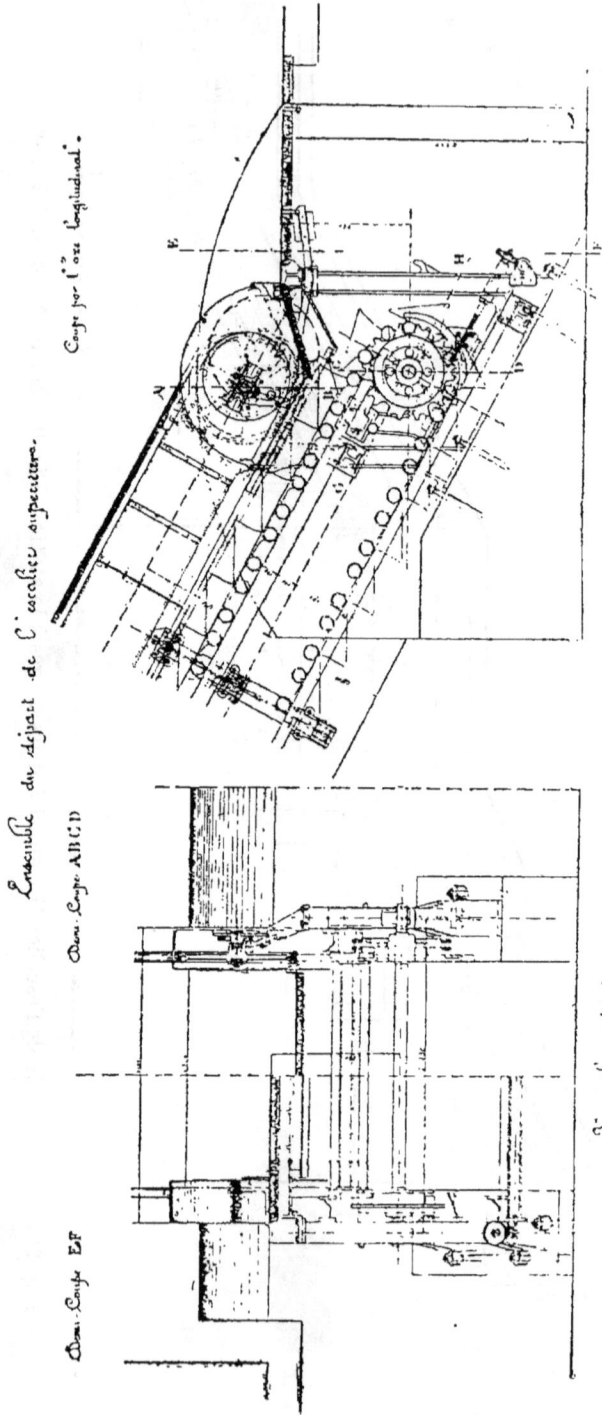

Coupe par l'axe longitudinal.

Ensemble du départ de l'escalier supérieure.

Demi-Coupe ABCD

Coupe EF

Vue en plan au départ

Fig. 202 et 203. — Escalier Hocquart. — Départ de l'escalier mobile.

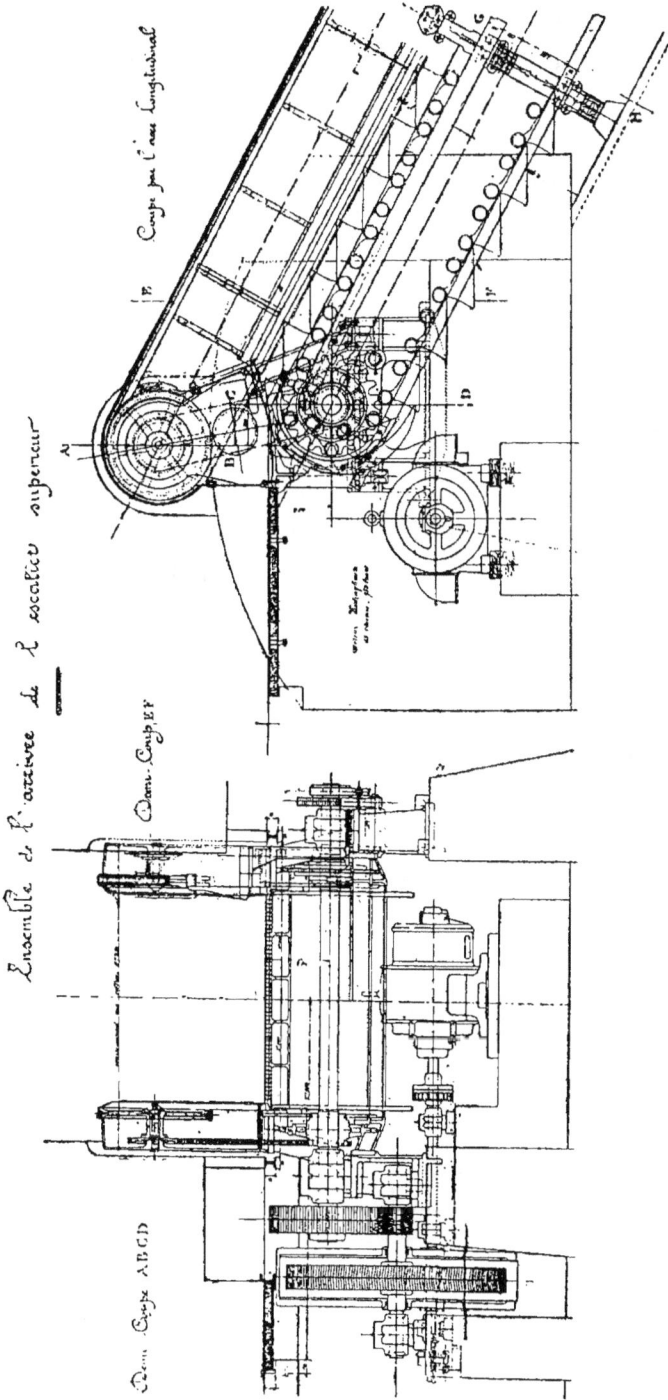

Fig. 204 et 205. — Escalier Hocquart. — Arrivée au palier supérieur.

gent dans les vides existant entre les éléments des marches ; en arrivant à ce peigne, la marche reçoit un mouvement particulier qui pousse le pied de la personne qu'elle porte sur les dents et le dos du peigne, pendant qu'elle s'engage en dessous ; finalement le pied est complètement poussé sur le plancher quand la marche a disparu. Là encore, le but est parfaitement atteint.

L'escalier Hocquart se compose essentiellement de deux arbres, munis chacun de deux roues dentées sur lesquelles passent deux chaînes Galle. L'arbre du haut reçoit le mouvement du moteur, l'arbre du bas sert de tendeur pour les deux chaînes.

Ces chaînes portent de distance en distance des œils bien en regard l'un de l'autre dans chaque chaîne, dans lesquels s'engage l'un des axes prolongé de la marche ; il en résulte que cette marche est entraînée par les chaînes, et qu'elle peut prendre un mouvement quelconque autour de son axe par rapport à la chaîne.

En dessous des chaînes existent deux cours de rails, sur lesquels roulent les marches ; ces rails sont supportés de distance en distance par des consoles en fonte.

Ce que nous venons de décrire forme la carcasse de l'escalier, qui comme nous le voyons, est fort simple.

Nous avons rapidement expliqué plus haut la constitution des marches ; nous devons y revenir, car elles forment l'âme du système et ont été étudiées d'une façon particulière.

Pour passer au travers d'un peigne, sans qu'il en résulte d'inconvénient, il faut que les marches soient identiques les unes aux autres ; si les éléments sont ajustés et assemblés, il faut qu'ils soient rigoureusement identiques, car la moindre erreur d'un dixième

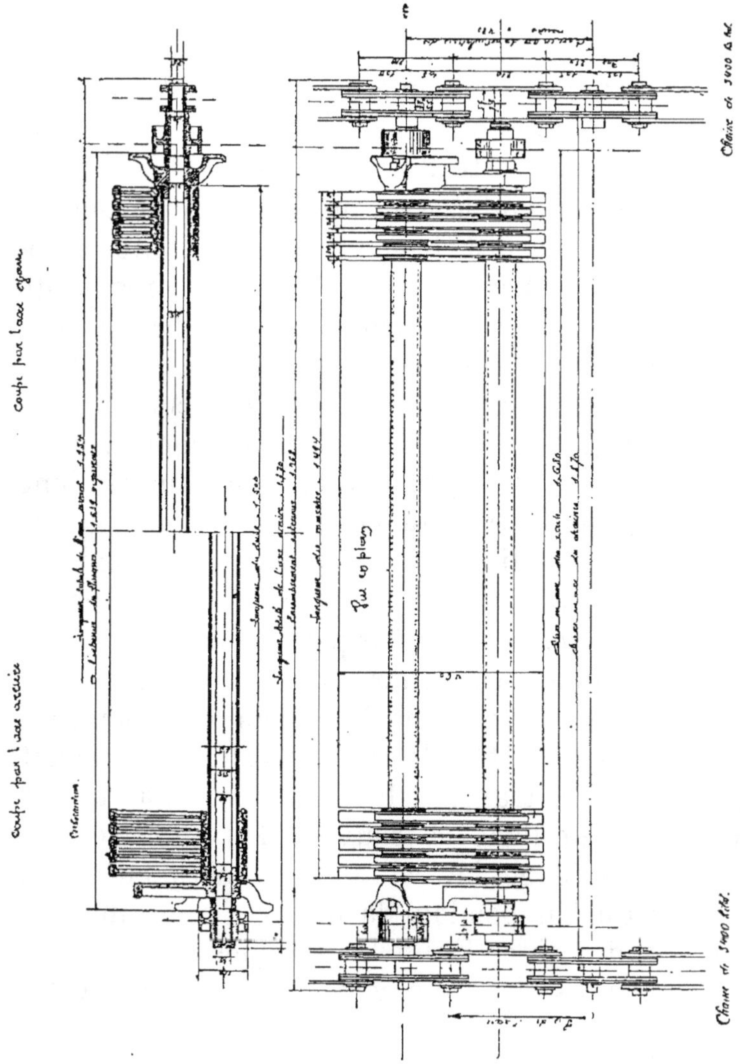

Fig. 206. — Escalier Hocquart. — Détails des marches articulées.

de millimètre seulement par élément, conduirait à une différence de 5 à 6 millimètres sur la longueur de la marche, suivant qu'elle a 1 m. 50 ou 1 m. 80 ; il faut donc éliminer à tout prix ces différences toujours possibles en construction ou au montage. Pour cela, M. Hocquart a imaginé un procédé spécial, très ingénieux, consistant à monter tous les éléments d'une marche dans une sorte de moule, et à les coller en quelque sorte ensemble ; le procédé est parfait, il permet d'employer des éléments bruts de fonte, d'obtenir une solidité très remarquable, et une régularité absolue sans aucune retouche ; une erreur ne peut porter que sur un élément sans influence sur l'ensemble, et on est bien sûr que les marches sont semblables, puisqu'elles sortent du même moule. Pendant cette construction, les marches sont munies d'une flasque à chaque extrémité, constituant la partie mécanique ; les axes fixant les éléments traversent ces flasques, et reçoivent de forts écrous sur la partie taraudée, qui serrent les flasques et le corps de la marche ensemble ; en dehors de cette partie, l'axe redevient lisse pour recevoir les galets de roulement ; l'axe arrière est arrêté à la face du galet, l'axe avant est prolongé pour traverser la chaîne Galle ; au-dessus et au-dessous de l'axe se trouvent deux palettes qui servent de guidage latéral aux marches entre les rails, celui du bas pendant la montée, celui du haut pendant la descente. Enfin les flasques sont munies d'un talon, qui sert au moment du renversement des marches.

Le système se comprend aisément maintenant. Les marches étant montées dans les 2 chaînes, laissant entre elles un jeu de quelques millimètres, dans toute la partie montante, aucun mouvement relatif ne se produit ; lorsque l'axe d'avant arrive sur la roue

d'entraînement, l'arrière continue à monter légèrement, de façon à pousser le pied du voyageur sur le
peigne, alors que l'avant s'est engagé sous ce peigne
où finalement la marche disparaît, culbute et retrouve
le rail inférieur sur lequel elle descend, pour tourner
autour de l'arbre inférieur et reformer la partie montante de l'escalier.

Les bâtis des mécanismes haut et bas sont surmon-
tés chacun d'un coffre en fonte, contenant, en haut,
les roues d'entraînement des mains courantes, com-
mandées par l'arbre principal à l'aide de deux chaînes
Galle, en bas, les roues tendeuses. Ces deux séries
de coffres sont réunies tangentiellement aux roues
par une glissière-guide, sur laquelle glisse la rampe
à la montée et à la descente. Des coffres en tôle ne
laissent paraître que le brin montant que la main peut
saisir, et cachent le brin descendant et tout le mécanisme, de façon que les marches sont limitées de chaque
côté par deux parois de tôle jusqu'à la hauteur des
mains courantes, formant ainsi un canal dans lequel
rien ne peut s'accrocher. Les dispositions sont si bien
étudiées que, malgré la foule énorme de public qui
passe chaque jour sur les escaliers il ne s'y est produit
aucun accident.

L'arbre du moteur ainsi que l'arbre de commande
des chaînes sont munis chacun d'un frein antiréver-
sible. Ces freins qui offrent une double sécurité ont
pour but d'empêcher l'escalier de se mettre à la descente pour une cause fortuite quelconque. Ils sont
absolument silencieux, les cliquets ne s'abaissant sur
les roues à rochets que si le sens de rotation des arbres
vient à changer.

Les mains courantes mobiles sont faites de lanières
en cuir assemblées par des rivets et par des taquets
qui guident leur mouvement.

Les boutons de mise en marche ne commandent que la mise de courant sur les moteurs; les conditions de mise en accélération des moteurs sont réglées une fois pour toutes proportionnellement à la charge des escaliers et se font automatiquement d'une manière invariable et indépendante de la volonté du conducteur des escaliers.

Les escaliers Hocquart, construits par les usines Abel Pifre, sont employés au Métropolitain de Paris, au Nord-Sud, au Bon Marché, à la gare d'Orsay-Paris, etc., où ils transportent journellement des millions de voyageurs en fournissant un travail de 20 heures par jour sans aucun arrêt.

TABLE DES MATIÈRES

Orléans, Imp. H. Tessier.

www.ingramcontent.com/pod-product-compliance
Lightning Source LLC
Chambersburg PA
CBHW062017200326
41519CB00017B/4827